빠작 초등 국어 문학 독해 무료 스마트러닝

첫째 QR코드 스캔하여 1초 만에 바로 강의 시청

둘째 최적화된 강의 커리큘럼으로 학습 효과 UP!

지문 분석 강의
- 문학 작품 갈래별 지문 분석을 통한 바른 감상법 강의 제공
- 소설, 시, 수필, 극 등 갈래별 작품 구성 요소와 배경지식 제공

빠작 초등 국어 **문학 독해 1단계** 강의 목록

빠작 초등 국어 문학 독해 1단계 **학습 계획표**

학습 계획표를 따라 차근차근 독해 공부를 시작해 보세요.
빠작과 함께라면 문학 독해, 어렵지 않습니다.

작품명	학습한 날		교재 쪽수	작품명	학습한 날		교재 쪽수
엄마의 마음 ❶	1일차	월 일	012 ~ 015쪽	호랑이보다 무서운 곶감 ❸	21일차	월 일	092 ~ 095쪽
엄마의 마음 ❷	2일차	월 일	016 ~ 019쪽	사랑의 깡동바지 ❶	22일차	월 일	096 ~ 099쪽
엄마의 마음 ❸	3일차	월 일	020 ~ 023쪽	사랑의 깡동바지 ❷	23일차	월 일	100 ~ 103쪽
우리 집엔 형만 있고 나는 없다 ❶	4일차	월 일	024 ~ 027쪽	사랑의 깡동바지 ❸	24일차	월 일	104 ~ 107쪽
우리 집엔 형만 있고 나는 없다 ❷	5일차	월 일	028 ~ 031쪽	머리와 꼬리	25일차	월 일	108 ~ 111쪽
우리 집엔 형만 있고 나는 없다 ❸	6일차	월 일	032 ~ 035쪽	아내와 산양과 닭	26일차	월 일	112 ~ 115쪽
길잡이 개 단비 ❶	7일차	월 일	036 ~ 039쪽	진짜 부자	27일차	월 일	116 ~ 119쪽
길잡이 개 단비 ❷	8일차	월 일	040 ~ 043쪽	마부와 마차	28일차	월 일	120 ~ 123쪽
길잡이 개 단비 ❸	9일차	월 일	044 ~ 047쪽	행운의 여신	29일차	월 일	124 ~ 127쪽
가족이 몽땅 사라졌어요 ❶	10일차	월 일	048 ~ 051쪽	구두 수선공과 은행가	30일차	월 일	128 ~ 131쪽
가족이 몽땅 사라졌어요 ❷	11일차	월 일	052 ~ 055쪽	아기의 대답	31일차	월 일	134 ~ 137쪽
가족이 몽땅 사라졌어요 ❸	12일차	월 일	056 ~ 059쪽	아침	32일차	월 일	138 ~ 141쪽
겨우 ❶	13일차	월 일	060 ~ 063쪽	비눗방울	33일차	월 일	142 ~ 145쪽
겨우 ❷	14일차	월 일	064 ~ 067쪽	개구쟁이 산복이	34일차	월 일	146 ~ 149쪽
겨우 ❸	15일차	월 일	068 ~ 071쪽	재보기	35일차	월 일	150 ~ 153쪽
개굴개굴 청개구리 ❶	16일차	월 일	072 ~ 075쪽	들강달강	36일차	월 일	154 ~ 157쪽
개굴개굴 청개구리 ❷	17일차	월 일	076 ~ 079쪽	우리 동네	37일차	월 일	160 ~ 163쪽
개굴개굴 청개구리 ❸	18일차	월 일	080 ~ 083쪽	엄마	38일차	월 일	164 ~ 167쪽
호랑이보다 무서운 곶감 ❶	19일차	월 일	084 ~ 087쪽	해와 달이 된 오누이	39일차	월 일	168 ~ 171쪽
호랑이보다 무서운 곶감 ❷	20일차	월 일	088 ~ 091쪽	즐거운 우리 집	40일차	월 일	172 ~ 175쪽

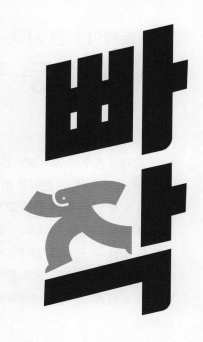

초등 국어

문학 독해

1단계
1·2학년

바른 독해의 빠른 시작,
〈빠작 초등 국어 독해〉를 추천합니다

독해 교재의 홍수 속에서 보석을 하나 찾은 느낌입니다. 『빠작 초등 국어 독해』는 **문학과 비문학을 나누어 초등학생 눈높이에 맞게 만든 독해 전문 교재**라는 생각이 드네요. 특히 지문의 핵심 내용을 이해하는 것은 물론 깊이 있는 배경지식까지 쌓을 수 있도록 섬세하게 구성한 점이 굉장히 마음에 듭니다. 『빠작 초등 국어 문학 독해』와 『빠작 초등 국어 비문학 독해』로 문학과 비문학의 독해 방법을 바르게 배워 보세요.

김소희 원장 | 한올국어학원

최근 수능에서 국어 영역이 가장 까다롭기로 유명합니다. 이런 국어를 잘하려면 무엇보다도 독해력을 길러야 합니다. 특히 문학은 작가가 전하는 주제를 파악하는 것이 중요합니다. 『빠작 초등 국어 문학 독해』는 다양한 갈래의 작품을 읽고, **작품의 구성 요소를 파악해 중심 내용을 스스로 정리해 보는 지문 분석 훈련**을 할 수 있어 좋습니다. 『빠작 초등 국어 문학 독해』로 까다로워진 수능 국어 영역을 지금부터 대비하시기 바랍니다.

하승희 원장 | 리딩아이국어논술학원

독해 능력은 글 읽기를 두려워하지 않는 데에서 출발합니다. 그리고 좋은 제재의 글을 읽으며 호기심과 즐거움을 느낄 때 독해는 완성되지요. 『빠작 초등 국어 비문학 독해』는 **영역별 다양한 제재의 지문과 사실적·추론적 사고력을 묻는 문제, 지문의 핵심 내용을 파악하는 지문 분석 훈련**으로 글을 정확하게 읽게 합니다. 또한 비문학 독해 비법을 충실히 담고 있어 낯설고 어려운 지문도 재미있게 읽을 수 있도록 이끌어 줄 것입니다.

김종덕 원장 | 갓국어학원

『빠작 초등 국어 독해』는 지문 독해, 지문 분석, 어휘 공부까지 탄탄한 구성이 눈길을 끄는 교재입니다. 특히 **비문학에서 영역을 세분화하여 지문을 수록한 것과 문학에서 온 작품을 다룬 것은 깊이 있는 독해를 가능하게** 할 것입니다. 다양한 글을 읽고 내용을 바르게 파악해야 하는 비문학과 작품을 읽고 제대로 감상해야 하는 문학의 독해력은 단기간에 높일 수 없습니다. 지금부터 『빠작 초등 국어 독해』와 함께 독해 연습을 부지런히 하길 추천합니다.

강행림 원장 | 수풀림학원

이 책을 검토하신 선생님					
강명자	창원지역방과후교사	**배성현**	아카데미창논술국어학원	**이지은**	이지은의이지국어논술학원
강유정	참좋은보습학원	**설호준**	청암국어학원	**이지해**	이지국어학원
강행림	수풀림학원	**송설아**	한우리독서토론논술	**이창미**	박원국어논술학원
구민경	혜윰국어논술	**심익식**	천지인학원	**이현주**	토론하는아이들
권애경	해냄국어논술	**안수현**	안샘학원	**이화정**	창신보습학원
김나나	국어와나	**염현경**	박쌤과국어논술학원	**전민희**	토론하는아이들
김미숙	글과문장독서논술	**오연**	글오름국어언어논술학원	**전지영**	두드림에듀학원
김민경	리드인	**오영미**	천호하나보습학원	**조원식**	이석호국어학원
김소희	한올국어논술학원	**윤인숙**	윤쌤국어논술	**조현미**	국어날개달기학원
김수진	브레인논술교습소	**이대일**	멘사수학과연세국어학원	**하승희**	리딩아이국어논술학원
김종덕	갓국어학원	**이동수**	국동국어고샘수학학원	**한민수**	숙명창의인재교육
문주희	다독과정독논술학원	**이선이**	수논술교습소	**한수진**	리드앤리드논술학원
박윤희	장복논술	**이시은**	이시은논술	**허성완**	st클래스입시학원
박창현	탑학원	**이용순**	한우리공부방	**홍미애**	이엠영수전문학원
박현순	뿌리깊은독서논술국어교습소	**이정선**	토론하는아이들		
방은경	열정학원	**이지영**	해랑		

바른 독해의 빠른 시작,
〈빠작 초등 국어 독해〉를 소개합니다

❶ 비문학과 문학을 분리하여 각각의 특성에 맞게 독해를 훈련하는 초등 국어 독해 기본서입니다.

❷ 설명문, 논설문 등 비문학 글의 종류별 지문 분석 훈련으로 바른 독해 학습이 가능합니다.

❸ 소설, 시, 수필 등 문학 작품의 갈래별 지문 감상 훈련으로 바른 독해 학습이 가능합니다.

빠작
비문학 독해

빠작
문학 독해

단계	대상	영역
1단계	1~2학년	언어, 실용/생활, 사회, 문화, 경제, 자연/과학, 기술, 예술, 인물, 안전/위생
2단계		
3단계	3~4학년	언어, 역사, 사회, 문화, 경제, 과학, 기술, 예술, 인물, 환경
4단계		
5단계	5~6학년	언어, 인문, 사회, 문화, 경제, 과학, 기술, 예술, 인물, 환경
6단계		

단계	대상	갈래
1단계	1~2학년	창작·전래·외국 동화, 동시, 동요, 수필, 희곡
2단계		
3단계	3~4학년	창작·전래·외국 동화, 시, 현대·고전·외국 수필, 희곡
4단계		
5단계	5~6학년	현대·고전·외국 소설, 현대시, 고전 시조, 현대·고전 수필, 시나리오
6단계		

주요
키워드
- **1~2단계** 가족 (1단계 실용/생활), 낮과 밤 (2단계 자연/과학), 이 닦기 (2단계 안전/위생)
- **3~4단계** 문명 (3단계 역사), 물물 교환 (3단계 경제), 조선 건국 (4단계 역사)
- **5~6단계** 커피 (5단계 인문), 백신 (5단계 과학), 심리학 (6단계 인문)

주요
작품
- **1~2단계** 아기의 대답 (1단계 시), 꺼벙이 억수 (2단계 창작 동화), 만복이네 떡집 (2단계 창작 동화)
- **3~4단계** 바위나리와 아기별 (3단계 창작 동화), 잘못 뽑은 반장 (4단계 창작 동화), 물새알 산새알 (4단계 시)
- **5~6단계** 이상한 선생님 (5단계 현대 소설), 고무신 (6단계 현대 소설), 풀잎에도 상처가 있다 (6단계 현대시)

비문학과 문학,
바른 독해 방법이 다릅니다

비문학의 바른 독해 방법

비문학은 핵심 주제를 파악하고 글쓴이의 관점을 이해하는 것이 중요합니다.

비문학은 지식이나 정보 또는 자신의 의견을 전달하는 글의 특성이 있기 때문에, 전체 글의 핵심 주제, 문단별 핵심 내용, 글쓴이의 관점 등을 이해하며 읽는 훈련을 해야 합니다. 따라서 비문학을 바르게 읽고 이해하려면 글의 전체 구조를 그려볼 수 있어야 하고, 글 전체의 중심 내용과 문단별 중심 내용 그리고 핵심 주제를 찾아보는 연습이 필요합니다.

설명문의 일반 구조

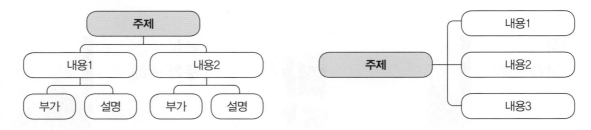

논설문의 일반 구조

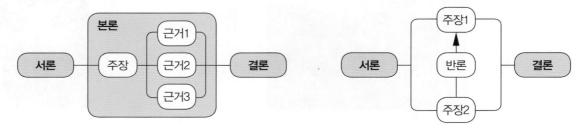

비문학은 정보 전달의 목적이 있기 때문에 다양한 지식과 정보를 쌓아야 합니다.

비문학은 어린이 신문이나 잡지 등을 통해 지식과 정보를 쌓는 것이 독해에 도움을 줍니다. 또한 독해 교재를 학습하면서 비문학 지문의 내용을 깊이 있게 이해하는 것도 중요합니다.

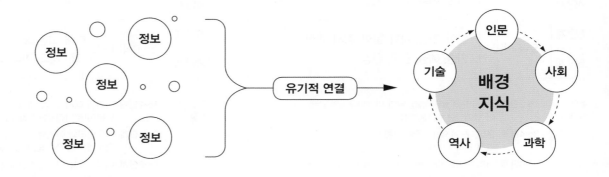

문학의 바른 독해 방법

문학은 갈래별 구성 요소를 이해하고 작품을 감상하는 것이 중요합니다.

문학은 소설, 시, 수필, 희곡 등 갈래에 따라 작품을 구성하는 요소가 다르기 때문에 갈래별 특징을 이해하고 작품을 감상하는 것이 중요합니다. 따라서 문학 작품을 읽고, 갈래에 따른 구성 요소를 중심으로 작품의 중요 내용을 정리하는 훈련이 필요합니다. 이때 온작품을 읽으면 작품 내용을 더욱 깊이 있게 이해할 수 있습니다.

갈래별 구성 요소

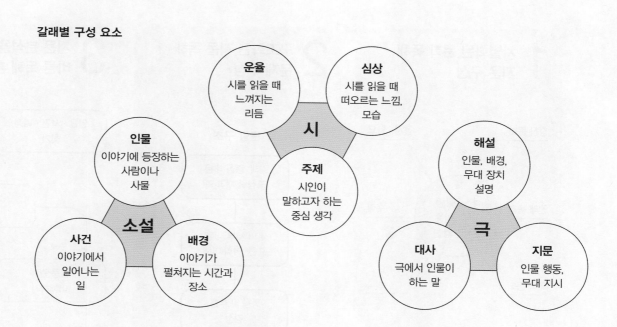

문학 작품을 감상하기 위해서 시대적 배경을 이해하고, 내용 흐름을 파악해야 합니다.

문학 작품을 읽을 때 작품이 쓰인 시대적 배경이나 작가의 삶과 관련지어 감상하면 작가가 전하고 싶은 주제를 파악하는 데 도움이 됩니다. 또 글의 내용 흐름을 제대로 파악하는 것도 중요합니다.

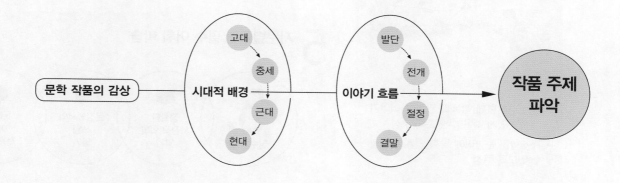

구성과 특징

빠작 초등 국어 문학 독해 1단계는 초등 1~2학년 학생들이 문학 작품을 읽고 내용을 정확하게 이해하는 훈련 중심으로 구성하였습니다. 특히 창작 동화, 전래 동화, 외국 동화, 동시, 동요, 수필 등 다양한 갈래의 작품을 읽고, 지문 분석 훈련을 통해 바른 독해 학습을 할 수 있습니다.

1 차별화된 문학 독해 지문 구성

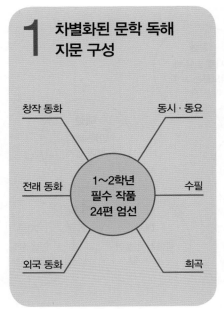

창작 동화 　 동시·동요
전래 동화 　 수필
외국 동화 　 희곡

1~2학년 필수 작품 24편 엄선

2 구조화된 지문 독해 문제 구성

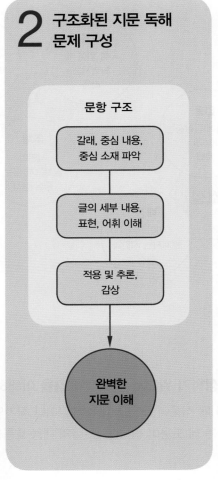

문항 구조

갈래, 중심 내용, 중심 소재 파악

글의 세부 내용, 표현, 어휘 이해

적용 및 추론, 감상

완벽한 지문 이해

3 지문 분석을 통한 바른 독해 훈련

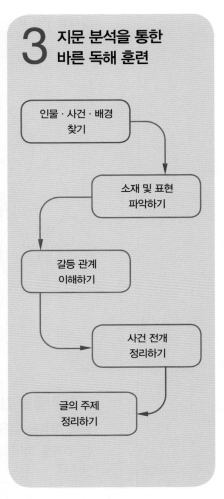

인물·사건·배경 찾기

소재 및 표현 파악하기

갈등 관계 이해하기

사건 전개 정리하기

글의 주제 정리하기

4 다양한 배경지식 습득

- 세밀화와 함께 작품과 관련한 이야기를 재미있게 읽을 수 있도록 구성
- 1~2학년 눈높이에 맞춰 쉽게 이해할 수 있도록 구성

5 지문별 5개 필수 어휘 학습

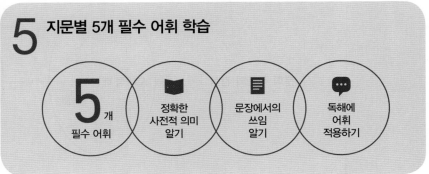

5개 필수 어휘

정확한 사전적 의미 알기

문장에서의 쓰임 알기

독해에 어휘 적용하기

⊙ 차별화된 독해 지문

⊙ 구조화된 독해 문제

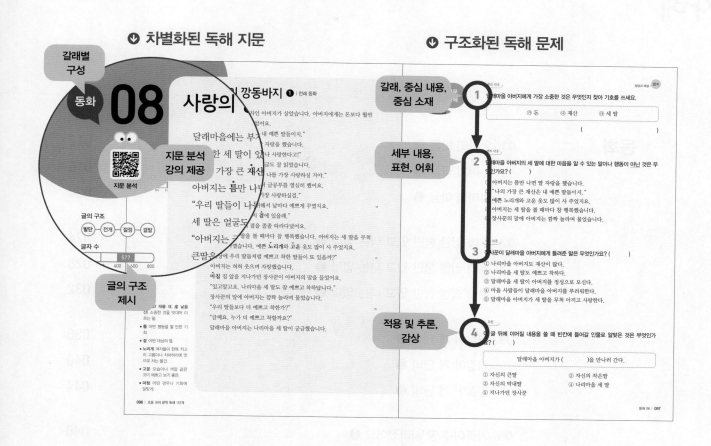

사랑의 ... 깡동바지 ❶ | 전래 동화

달래마을에는 부... 내 예쁜 딸들이지."
... 한 세 딸이 있어 사랑한다고!"
... 도 잘 읽었습니다.
가장 큰 재산... 나를 가장 사랑하실 거야."
아버지는 틈만 나면... 글공부를 열심히 했어요.
... 가장 사랑하실걸.
"우리 딸들이 나뻐게 해서 날마다 예쁘게 꾸몄지요.
세 딸은 얼굴도 ... 곁에 있을래."
"아버지는 ... 걸 볼 때마다 참 행복했습니다. 아버지는 세 딸을 무척
큰딸... 겠어요. 예쁜 노리개와 고운 옷도 많이 사 주었지요.
... 에 우리 딸들처럼 예쁘고 착한 딸들이 또 있을까?"
아버지는 허허 웃으며 자랑했습니다.
마침 집 앞을 지나가던 장사꾼이 아버지의 말을 들었어요.
"잉고말고. 나리마을 세 딸도 참 예쁘고 착하답니다."
장사꾼의 말에 아버지는 깜짝 놀라며 물었습니다.
"우리 딸들보다 더 예쁘고 착한가?"
"글쎄요. 누가 더 예쁘고 착할까요?"
달래마을 아버지는 나리마을 세 딸이 궁금했습니다.

글의 구조
발단 | 전개 | 절정 | 결말

글자 수
577
400 · 600 · 800

글의 구조 제시

⊙ 재물 재, 살 낱을
산 소중한 것을 빗대어 이
르는 일.

⊙ **틈** 어떤 행동을 할 만한 기회.

⊙ **곁** 어떤 대상의 옆.

⊙ **노리개** 여자들이 한복 저고리 고름이나 치마허리에에 맛으로 차는 물건.

⊙ **고운** 모습이나 색깔 같은 것이 예쁘고 보기 좋은.

⊙ **마침** 어떤 경우나 기회에 알맞게.

096 초등 국어 문학 독해 1단계

갈래, 중심 내용, 중심 소재 ▶ 1
1 달래마을 아버지에게 가장 소중한 것은 무엇인지 찾아 기호를 쓰세요.
㉮ 돈 ㉯ 재산 ㉰ 세 딸

세부 내용, 표현, 어휘 ▶ 2
2 달래마을 아버지의 세 딸에 대한 마음을 알 수 있는 말이나 행동이 아닌 것은 무엇인가요? ( )
① 아버지는 틈만 나면 딸 자랑을 했습니다.
② "나의 가장 큰 재산은 내 예쁜 딸들이지."
③ 예쁜 노리개와 고운 옷도 많이 사 주었지요.
④ 아버지는 세 딸을 볼 때마다 참 행복했습니다.
⑤ 장사꾼의 말에 아버지는 깜짝 놀라며 물었습니다.

3 장사꾼이 달래마을 아버지에게 들려준 말은 무엇인가요? ( )
① 나리마을 아버지도 재산이 많다.
② 나리마을 세 딸도 예쁘고 착하다.
③ 달래마을 세 딸이 아버지를 정성으로 모신다.
④ 마을 사람들이 달래마을 아버지를 부러워한다.
⑤ 달래마을 아버지가 세 딸을 무척 아끼고 사랑한다.

적용 및 추론, 감상 ▶ 4
4 이 글 뒤에 이어질 내용을 쓸 때 빈칸에 들어갈 인물로 알맞은 것은 무엇인가요? ( )
달래마을 아버지가 ( )을 만나러 간다.
① 자신의 큰딸 ② 자신의 작은딸
③ 자신의 막내딸 ④ 나리마을 세 딸
⑤ 지나가던 장사꾼

동화 08 097

⊙ 지문 분석 & 배경지식

⊙ 오늘의 어휘

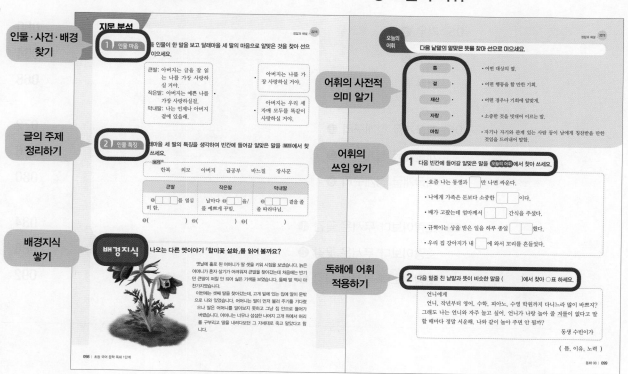

지문 분석

인물·사건·배경 찾기 ▶ **1** 인물 마음
... 은 인물이 한 말을 보고 달래마을 세 딸의 마음으로 알맞은 것을 찾아 선으로 이으세요.

큰딸: 아버지는 글을 잘 읽는 나를 가장 사랑하실 거야.
작은딸: 아버지는 예쁜 나를 가장 사랑하실걸.
막내딸: 나는 언제나 아버지 곁에 있을래.

· 아버지는 나를 가장 사랑하실 거야.
· 아버지는 우리 세 자매 모두를 똑같이 사랑하실 거야.

글의 주제 정리하기 ▶ **2** 인물 특징
... 마을 세 딸의 특징을 생각하여 빈칸에 들어갈 알맞은 말을 보기 에서 찾아 쓰세요.

보기
한복 | 외모 | 아버지 | 글공부 | 바느질 | 장사꾼

큰딸	작은딸	막내딸
❶ 를 열심히 함.	날마다 ❷ 을/를 예쁘게 꾸밈.	❸ 곁을 졸졸 따라다님.

❶( ) ❷( ) ❸( )

배경지식 쌓기

배경지식 ... 나오는 다른 옛이야기 「함미꽃 설화」를 읽어 볼까요?

옛날에 홀로 된 어머니가 말 셋을 키워 시집을 보냈습니다. 늙은 어머니가 혼자 살기가 어려워져 큰딸을 찾아갔는데 처음에는 반기던 큰딸이 미칠 안 되어 싫은 기색을 보였습니다. 둘째 딸 역시 마찬가지였습니다.
이번에는 셋째 딸을 찾아가는데, 고개 밑에 있는 집에 딸이 문밖으로 나와 있었습니다. 어머니는 딸이 먼저 불러 주기를 기다렸으나 딸은 어머니를 알아보지 못하고 그냥 집 안으로 들어가 버렸습니다. 어머니는 너무나 섭섭한 나머지 고개 위에서 허리를 구부리고 말을 내려다보다 그 자세대로 죽고 말았다고 합니다.

098 초등 국어 문학 독해 1단계

오늘의 어휘
다음 낱말의 알맞은 뜻을 찾아 선으로 이으세요.

어휘의 사전적 의미 알기 ▶

틈 ·
곁 ·
재산 ·
자랑 ·
마침 ·

· 어떤 대상의 옆.
· 어떤 행동을 할 만한 기회.
· 어떤 경우나 기회에 알맞게.
· 소중한 것을 빗대어 이르는 말.
· 자기나 자기와 관계 있는 사람 등이 남에게 칭찬받을 만한 것임을 드러내어 말함.

어휘의 쓰임 알기 ▶
1 다음 빈칸에 들어갈 알맞은 말을 오늘의 어휘 에서 찾아 쓰세요.

· 요즘 나는 동생과 만 나면 싸운다.
· 나에게 가족은 돈보다 소중한 이다.
· 배가 고팠는데 엄마께서 간식을 주셨다.
· 규현이는 상을 받은 일을 하루 종일 했다.
· 우리 집 강아지가 내 에 와서 꼬리를 흔들었다.

독해에 어휘 적용하기 ▶
2 다음 밑줄 친 낱말과 뜻이 비슷한 말을 ( )에서 찾아 ○표 하세요.

언니에게
언니, 작년부터 영어, 수학, 피아노, 수영 학원까지 다니느라 많이 바쁘지? 그래도 나는 언니와 자주 놀고 싶어. 언니가 나랑 놀아 줄 겨를이 없다고 말할 때마다 정말 서운해. 나와 같이 놀아 주면 안 될까?
동생 수빈이가

(틈, 이유, 노력)

동화 08 099

빠작 초등 국어 문학 독해 1단계

차례

빠작 초등 국어 문학 독해 1단계

동화

엄마의 마음 ❶ | 윤수천

복실이는 혜주의 둘도 없는 친구입니다. 복실이는 털이 복슬복슬한 강아지 이름이에요. 혜주만 보면 복실이는 꼬리를 흔들며 반가워서 어쩔 줄 모르지요.

어떤 때는 **낑낑대며 어리광**을 부리기도 한답니다.

혜주네 식구들은 혜주에게 '복실이 엄마'라는 **별명**을 붙여 주었습니다. 5

"복실이 엄마, 안녕하세요?"

엄마도 아빠도 혜주를 보면 꼭 이렇게 인사를 하지요.

혜주는 '복실이 엄마'라는 별명이 좋았어요.

'엄마'라는 말이 듣기 좋았기 때문이지요.

어느 날 오후였어요. 10

혜주는 같은 **골목**에 사는 초등학교 언니를 쫓아 백화점에 갔습니다.

친구 순금이와 경희도 함께 갔지요.

지하철을 타고 **정거장**을 다섯 개나 지나서 내렸어요.

백화점 안에는 구경거리가 무척 많았어요.

과자 가게, 장난감 가게, 옷 가게…….15

혜주와 순금이와 경희는 인형 가게 앞에서 멈추었습니다.

"저 파란 눈 인형 예쁘다."

"중국옷 입은 인형이 더 예뻐."

"아니야, 난 **색동옷** 입은 우리나라 인형이 더 예쁜데."

셋은 인형 가게 앞에서 시간 가는 줄 몰랐습니다.20

● **낑낑대며** 어리광을 부리며 조르거나 보채는 소리를 자꾸 내며.

● **어리광** 귀여움을 받으려고 어리고 예쁜 태도로 버릇없이 구는 것.

● **별명**(別 다를 별, 名 이름 명) 사람의 외모나 성격 등의 특징을 바탕으로 남들이 부르는 이름.

● **골목** 큰길에서 들어가 동네 안을 이리저리 통하는 좁은 길

● **정거장** 버스나 기차가 일정하게 머무르도록 정해진 장소

● **색동옷** 여러 옷감을 잇대거나 여러 색을 물들여서 만든 알록달록한 천을 댄 어린아이의 저고리.

중심 소재

1 혜주의 별명은 무엇인지 쓰세요.

세부 내용

2 복실이에 대한 설명으로 알맞은 것은 무엇인가요? ( )

① 털이 짧고 뻣뻣하다.
② 혜주의 둘도 없는 친구이다.
③ 혜주와 어디든 함께 다닌다.
④ 어미 개에게 어리광을 잘 부린다.
⑤ 혜주의 친구들만 보면 반가워서 꼬리를 흔든다.

표현

3 이 글에서 다음 뜻을 가진 흉내 내는 말을 찾아 쓰세요.

> 살이 찌고 털이 많아서 귀엽고 탐스러운 모양.

감상

4 이 글을 읽고 생각한 점을 알맞게 말한 것을 두 가지 고르세요. (,)

① 혜주와 복실이는 서로 정말 좋아하는 것 같아.
② 혜주는 복실이에게 진짜 엄마를 찾아 주고 싶어 하는 것 같아.
③ 만약 복실이가 갑자기 사라진다면 혜주가 정말 슬퍼할 것 같아.
④ 혜주는 백화점에서 본 인형을 복실이에게 선물하고 싶었던 것 같아.
⑤ 혜주는 백화점에 가서도 복실이 생각에 빨리 돌아가고 싶었던 것 같아.

지문 분석

1 인물 마음　다음 복실이의 행동을 통해 알 수 있는 복실이의 마음을 찾아 ○표 하세요.

복실이의 행동		복실이의 마음
• 혜주만 보면 꼬리를 흔들며 반가워함. • 혜주에게 낑낑대며 어리광을 부리기도 함.	→	• 혜주가 부러운 마음　（　　　） • 혜주가 너무 좋은 마음 　　　　　　　　　　（　　　）

2 사건 전개　일이 일어난 차례를 생각하며 (　　　) 안에 들어갈 알맞은 내용을 찾아 ○ 표 하세요.

> 　어느 날 오후, 혜주는 친구들과 함께 (백화점, 놀이공원)에 가는 동네 언니를 따라나섬.

> 　아이들은 (버스, 지하철)을/를 타고 정거장을 다섯 개나 지나서 도착함.

> 　아이들은 (인형, 장난감) 가게 앞에서 시간 가는 줄 모르고 구경을 함.

배경지식　**동물을 키우는 사람들이 점점 많아지고 있어요.**

　가족의 수가 예전보다 적어지고, 혼자 사는 사람도 많아졌어요. 그래서 사람들은 자연스럽게 강아지나 고양이를 가족처럼 생각하게 되었습니다. 예전에는 사람과 같이 생활하는 동물을 '사람에게 즐거움을 주기 위해 기르는 동물'이라는 뜻으로 '애완동물'이라고 불렀어요. 하지만 요즘에는 '사람과 함께 더불어 살아가며 안정감과 친밀감을 주는 친구, 가족과 같은 존재'라는 뜻에서 '반려동물'이라고 해요.

　이제는 개와 고양이뿐만 아니라 앵무새, 고슴도치, 토끼, 햄스터 등 다양한 종류의 동물들을 가족처럼 키우는 사람들이 많아지고 있어요.

다음 낱말의 알맞은 뜻을 찾아 선으로 이으세요.

별명 •　　　　　• 버스나 기차가 일정하게 머무르도록 정해진 장소.

골목 •　　　　　• 사람의 특징을 바탕으로 남들이 지어 부르는 이름.

정거장 •　　　　　• 어리광을 부리며 조르거나 보채는 소리를 자꾸 내며.

어리광 •　　　　　• 큰길에서 들어가 동네 안을 이리저리 통하는 좁은 길.

낑낑대며 •　　　　　• 귀여움을 받으려고 어리고 예쁜 태도로 버릇없이 구는 것.

1 다음 빈칸에 들어갈 알맞은 말을 오늘의 어휘 에서 찾아 쓰세요.

- 키가 큰 누나의 ☐☐ 은 키다리이다.

- 강아지가 ☐☐☐☐ 내 품으로 파고들었다.

- 나는 버스 ☐☐☐ 에서 엄마를 기다리고 있었다.

- 재은이는 동생이 ☐☐☐ 이 너무 심해서 걱정이다.

- 부모님은 여행 가서 ☐☐ 여기저기를 둘러보는 것을 좋아하신다.

2 다음 밑줄 친 낱말과 뜻이 비슷한 말을 ( )에서 찾아 ○표 하세요.

　　할아버지께서는 제 동생을 정말 귀여워하십니다. 그런데 엄마께서는 동생
이 할아버지를 믿고 응석이 점점 심해진다며 걱정하십니다. 동생은 허리가
아프신 할아버지 등에 올라타기도 합니다.

(말썽, 어리광, 잔소리)

엄마의 마음 ❷ | 윤수천

인형에 정신이 팔려 있던 혜주는 갑자기 집 생각이 났습니다.

'엄마가 기다리시겠다. 빨리 집에 가야지.'

백화점을 나와 보니 벌써 해가 ㉠**뉘엿뉘엿** 넘어가고 있었어요.

걱정이 된 혜주와 친구들은 **부랴부랴** 지하철을 탔습니다.

역에 내린 혜주와 순금이와 경희는 ㉡**헐레벌떡** 동네로 뛰어갔습니다.　　　5

동네 골목에서는 엄마들이 **걱정**이 가득 담긴 얼굴로 아이들을 찾고 있었어요.

그날 저녁 혜주는 엄마에게 **단단히** 혼이 났어요.

"너 때문에 엄마가 얼마나 걱정했는지 아니? 어딜 가려면 엄마한테 말을 하고 가야지."　　　10

혜주는 너무 심하게 **야단**을 치는 것 같아 엄마가 **야속했어요.**

'내가 뭐 크게 잘못한 것도 아닌데……'

혜주는 속으로 생각했습니다.

며칠 뒤였습니다.

혜주가 학교에서 돌아왔을 때, 복실이가 보이지 않았어요.　　　15

보통 때 같으면 혜주 발소리만 듣고도 반기며 달려 나왔을 텐데 말이에요.

"엄마, 복실이 못 봤어요?"

"좀 전까지도 골목에서 노는 걸 봤는데. 왜, 복실이가 없니?"

엄마는 **시큰둥한** 얼굴로 대답했어요.　　　20

"그래요?"

혜주는 얼른 골목길로 나가 보았습니다.

● **부랴부랴** 매우 급하게 서두르는 모양.

● **헐레벌떡** 숨을 가쁘고 거칠게 몰아쉬는 모양.

● **걱정** 좋지 않은 일이 생길지도 모른다는 두려움.

● **단단히** 보통보다 심할 정도로.

● **야단** 소리를 높여 마구 꾸짖는 일.

● **야속했어요** 언짢고 섭섭했어요.

● **시큰둥한** 별로 마음에 들지 않아 내키지 않는.

갈래

1 이 글에서 일이 일어난 시간을 차례대로 쓸 때 (   ) 안에 들어갈 알맞은 말을 쓰세요.

> 해가 질 무렵 → (   ) → 며칠 뒤

☐☐☐☐

세부 내용

2 혜주가 엄마께 단단히 혼이 난 까닭은 무엇인가요? (   )

① 혜주 혼자서 지하철을 타서
② 복실이가 없어진 것도 모르고 늦게 들어와서
③ 백화점에서 돌아오기로 약속한 시간을 어겨서
④ 백화점에 가지 말라고 한 엄마의 말을 듣지 않아서
⑤ 엄마에게 어딜 간다는 말도 없이 늦은 시간에 돌아와서

표현

3 ㉠, ㉡이 흉내 내는 모양을 찾아 선으로 이으세요.

(1) ㉠ •

• ㉮ 숨을 가쁘고 거칠게 몰아쉬는 모양

(2) ㉡ •

• ㉯ 해가 산이나 지평선 너머로 조금씩 지는 모양

추론

4 이 글 뒤에 이어질 내용으로 가장 알맞은 것을 찾아 기호를 쓰세요.

> ㉮ 엄마가 복실이를 잘 챙기지 않았다며 혜주를 혼내신다.
> ㉯ 혜주가 복실이를 기다리며 골목에서 친구들과 시간을 보낸다.
> ㉰ 혜주가 복실이를 아무리 찾아봐도 보이지 않자 걱정하며 슬퍼한다.

(   )

지문 분석

1 사건 전개 일이 일어난 시간 순서에 맞게 보기 에서 기호를 찾아 차례대로 쓰세요.

> **보기**
>
> ㉮ 혜주가 엄마께 단단히 혼이 남.
> ㉯ 혜주가 복실이를 찾으러 골목길로 나감.
> ㉰ 혜주와 친구들이 헐레벌떡 동네로 뛰어감.
> ㉱ 혜주가 학교에서 돌아와 보니 복실이가 보이지 않음.

㉰ → (   ) → (   ) → (   )

2 마음 변화 다음 상황에서 혜주의 마음으로 알맞은 것을 찾아 선으로 이으세요.

상황		혜주의 마음
백화점에서 나와 보니 해가 지고 있을 때	· ·	엄마에게 서운하고 섭섭함.
저녁에 엄마에게 단단히 혼이 났을 때	· ·	엄마가 기다리실까 봐 걱정이 됨.

배경지식 혜주의 둘도 없는 친구, 복실이

「엄마의 마음」은 어린이를 사랑하는 마음으로 동화를 쓰는 윤수천 작가님의 창작 동화예요. 이 동화에는 주인공 혜주와 혜주의 친구인 강아지 복실이, 그리고 혜주의 엄마 사이에 일어난 일들이 담겨져 있어요.

특히, 동화의 앞부분에는 복실이에 대해 자세히 써 두었어요. 복실이는 털이 복슬복슬한 강아지이고, 혜주만 보면 꼬리를 흔들며 반가워한다고 하였지요. 글의 내용만 읽고도 복실이의 모습을 상상해 볼 수 있겠지요? 이처럼 동화를 읽을 때 누가 나왔는지부터 살펴보고, 동화에 나온 사람이나 동물이 어떤 특징을 갖고 있는지 눈여겨보면, 동화 속 인물의 모습이나 성격을 어울리게 상상할 수 있답니다.

오늘의 어휘

다음 낱말의 알맞은 뜻을 찾아 선으로 이으세요.

걱정 •	• 보통보다 심할 정도로.
야단 •	• 매우 급하게 서두르는 모양.
단단히 •	• 소리를 높여 마구 꾸짖는 일.
부랴부랴 •	• 별로 마음에 들지 않아 내키지 않는.
시큰둥한 •	• 좋지 않은 일이 생길지도 모른다는 두려움.

1 다음 빈칸에 들어갈 알맞은 말을 오늘의 어휘 에서 찾아 쓰세요.

- 수업 시간에 떠들어서 선생님께 ☐☐을 맞았다.

- 우리 부모님은 항상 몸이 약한 나를 ☐☐하신다.

- 형지는 지난 겨울 독감에 ☐☐☐ 걸려 고생을 했다.

- 우리는 출발 시간에 늦을까 봐 ☐☐☐☐ 달려갔다.

- 누나는 내 선물이 마음에 안 드는지 ☐☐☐☐ 표정을 지었다.

2 다음 밑줄 친 낱말과 뜻이 비슷한 말을 ( )에서 찾아 ○표 하세요.

> 수지에게
>
> 수지야, 어제 수업 시간에 내가 너에게 못마땅한 표정을 지어서 미안해. 네가 내 연필을 말도 없이 빌려 가서 당황해서 그랬어. 다음에는 꼭 나에게 먼저 말을 해 줬으면 해. 그럼 안녕.
>
> 석호가

(반가운, 시큰둥한, 만족스러운)

글의 구조

발단 — 전개 — 절정 — 결말

글자 수

536

0 200 400 600 800

엄마의 마음 ❸ | 윤수천

"복실아, 어디 있니? 복실아."

혜주는 복실이를 부르며 큰길까지 가 보았어요.

하지만 복실이의 모습을 볼 수 없었지요. 혜주는 **별별** 생각을 다해 보았습니다.

'개장수한테 잡혀간 건 아닐까? 혹시 누가 우리 복실이를 데려갔으면 어쩌지?'

"복실아! 복실아!"

혜주의 목소리는 **어느덧** 울먹울먹해졌어요.

혜주는 몇 군데를 더 찾아보았어요.

그렇지만 복실이는 아무 데도 없었습니다.

혜주는 힘이 쭉 빠져 집을 향해 걸었습니다. **타달타달** 걷는 ㉠발걸음이 마치 바윗덩어리를 매단 것처럼 무거웠습니다.

혜주는 집으로 돌아오는 동안 **내내** 머릿속으로 복실이 생각만 했습니다.

그런데, 혜주가 힘이 쭉 빠져서 대문으로 막 들어섰을 때였습니다.

어디선가 나타난 복실이가 **장대높이뛰기** 선수처럼 혜주 **품**으로 뛰어들었어요.

"복실아!"

혜주는 자기도 모르게 복실이를 폭 껴안았습니다.

"복실아, 네가 안 보여서 얼마나 걱정했다고."

혜주는 손을 들어 복실이를 때리는 **시늉**을 했어요.

"거 봐라, 엄마의 마음은 다 똑같은 거란다."

물끄러미 지켜보던 혜주 엄마가 등 뒤에서 말했지요.

- **별별** 보통과 다른 갖가지의.
- **어느덧** 어느 사이인지도 모르는 동안에.
- **타달타달** 지치거나 힘들어서 무거운 발걸음으로 계속 힘없이 걷는 소리. 또는 그 모양.
- **내내** 처음부터 끝까지 계속해서.
- **장대높이뛰기** 짧은 거리를 달려와서 장대를 짚고 가로지른 막대를 뛰어넘는 경기.
- **품** 두 팔을 벌려서 안을 때의 가슴.
- **시늉** 어떤 모양이나 움직임을 흉내 내어 꾸미는 것.
- **물끄러미** 우두커니 한곳만 바라보는 모양.

지문
독해

중심 내용

1 이 글에서 일어난 일 중 가장 중요한 일을 찾아 ○표 하세요.

(1) 혜주가 큰길까지 가 보았지만 복실이를 찾을 수 없었던 일　(　)

(2) 혜주가 복실이는 개장수에게 잡혀갔을지도 모른다고 걱정한 일

(　)

(3) 혜주가 복실이를 찾아 헤매며 자식을 걱정하는 엄마의 마음을 알게 된 일

(　)

세부 내용

2 복실이를 찾는 혜주의 마음으로 알맞은 것은 무엇인가요? (　)

① 걱정됨.　　　　② 귀찮음.　　　　③ 억울함.
④ 지루함.　　　　⑤ 화가 남.

표현

3 ㉠의 표현을 바르게 이해한 것을 찾아 기호를 쓰세요.

> ㉮ 다리에 바위를 매달아서 걷기가 쉽지 않음.
> ㉯ 복실이를 찾느라고 많이 걸어서 다리가 무척 아픔.
> ㉰ 복실이를 찾지 못해서 힘이 없고 집에 돌아가는 마음이 편하지 않음.

(　)

적용

4 혜주와 비슷한 기분을 느낄 수 있는 상황은 무엇인가요? (　)

① 집에서 키우는 강아지가 아파 동물 병원에 간 상황
② 키우던 고양이를 잃어버렸다가 골목길에서 찾은 상황
③ 부모님께서 새 친구라며 귀여운 강아지를 데려오신 상황
④ 우연히 만난 길 잃은 강아지를 동물 보호소에 데려다준 상황
⑤ 강아지를 키우고 싶은데 부모님께서 허락해 주시지 않는 상황

지문 분석

1 마음 변화   다음 상황에서 혜주의 마음을 짐작하여 ( ) 안에 들어갈 알맞은 말을 찾아 ○표 하세요.

상황		혜주의 마음
혜주가 복실이를 찾아 여러 군데를 가 보았으나 찾을 수 없었음.	→	(억울한, 걱정되는) 마음
혜주가 대문으로 들어섰을 때 복실이가 혜주 품으로 뛰어듦.	→	(기쁜, 무서운) 마음

2 주제   이 글의 주제를 생각하며 빈칸에 들어갈 알맞은 말을 보기 에서 찾아 쓰세요.

보기

자식	동물	걱정하는	미워하는

혜주가 사랑하는 복실이를 잃어버렸다가 다시 찾은 경험

↓

주제	❶☐☐을 항상 ❷☐☐☐☐ 엄마의 마음

❶(   )   ❷(   )

배경지식   「엄마의 마음」 전체 줄거리

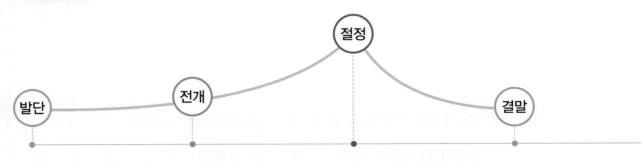

발단	전개	절정	결말
강아지 복실이 엄마라는 별명을 가진 혜주는 어느 날 오후 친구들과 백화점에 가서 시간 가는 줄 모르고 구경을 함.	백화점에서 늦게 돌아와 엄마에게 단단히 혼이 난 혜주는 엄마가 야속했고, 며칠 뒤 혜주는 복실이가 보이지 않자 찾으러 감.	아무리 찾아도 복실이가 보이지 않자 혜주는 별별 걱정을 다하다가 결국 복실이를 찾지 못한 채 집으로 돌아옴.	집으로 돌아온 복실이를 껴안고 많이 걱정했다며 다그치는 혜주의 모습을 보고 엄마가 엄마 마음은 다 똑같다고 말하심.

오늘의 어휘

다음 낱말의 알맞은 뜻을 찾아 선으로 이으세요.

품 •　　　　　　• 보통과 다른 갖가지의.

시늉 •　　　　　　• 어느 사이인지도 모르는 동안에.

별별 •　　　　　　• 두 팔을 벌려서 안을 때의 가슴.

어느덧 •　　　　　　• 우두커니 한곳만 바라보는 모양.

물끄러미 •　　　　　　• 어떤 모양이나 움직임을 흉내 내어 꾸미는 것.

1 다음 빈칸에 들어갈 알맞은 말을 오늘의 어휘 에서 찾아 쓰세요.

- 엄마의 ☐ 은 언제나 포근하다.

- ☐☐☐ 가을이 지나고 겨울이 되었다.

- 할아버지 서재에는 ☐☐ 책들이 다 있다.

- 곰이 다가왔을 때는 죽은 ☐☐ 을 해야 한다고 알려져 있다.

- 선생님께서는 아무 말도 없이 나를 ☐☐☐☐ 바라보셨다.

2 다음 밑줄 친 낱말과 뜻이 비슷한 말을 ( )에서 찾아 ○표 하세요.

　　곰은 새끼들과 함께 있을 때는 사나워집니다. 곰과 같은 야생 동물에게 공격을 받았을 때는 머리와 목을 보호하는 것이 가장 중요합니다. 최대한 죽은 흉내를 내면서 머리와 목을 손으로 감싸도록 합니다.

(시늉, 행동, 표현)

우리 집엔 형만 있고 나는 없다 ❶ | 김향이

[앞부분 이야기] '나'는 학원에 다녀오자마자 엄마에게 이가 아프다고 말했지만 엄마는 '나'를 크게 걱정하지 않고 "양치질 해."라고 부엌에서 말씀하신다.

글의 구조

발단 ─ 전개 ─ 절정 ─ 결말

글자 수

| | 579 | |
| 0   200   400   600   800 |

학원에서 수학 문제를 틀려서 다시 풀기 숙제를 받아 온 것도 속상한데 엄마까지 **푸대접**이에요.

"**진통제** 줘."

엄마는 내 말에 대답도 없어요.

씩씩거리며 부엌으로 갔더니, 엄마는 양념 바른 닭다리를 뒤적거리고 있었어요.   5

"진통제 달라고요!"

내 목소리에 놀란 엄마가 **그제야** 대답을 해 주었어요.

"엄마 지금 바빠. 좀 있다가."

'누가 약상자 있는 데 몰라서 물어보나?'   10

이제 보니 엄마는 형 올 시간에 맞추어 닭다리 튀김을 만드느라 정신이 없으신 거예요.

┌
가
└

"양치질을 가뭄에 콩 나듯이 하니 이가 상하지. 잘됐다."

엄마는 내 이가 아프기를 기다린 사람 같아요.

아무리 내가 말썽쟁이라도 그렇지, 형한테 하듯 **사분사분하면** 안 되나요? 엄마가 먼저 나를 화나게 한다니까요.   15

나는 쾅 소리가 나게 방문을 닫고 침대에 벌렁 드러누웠어요. 〈중략〉

우리 집엔 형만 있고 나는 없어요.

내가 자장면 먹고 싶다고 할 때는 자장 라면 끓이고 나한테는 무엇이든지 형이 쓰던 **헌것**만 물려주면서, 아침에 형이 닭다리 튀김이 먹고 싶다고 하니까 말하기가 무섭게 만드는 것만 봐도 다 알아요.   20

그런데도 형하고 내가 싸우면, 엄마는 언제나 동생이 형한테 **대들면** 안 된다며 나부터 야단쳐요.

- **푸대접** 정성을 들이지 않고 아무렇게나 하는 대접.
- **진통제**(鎭 누를 진, 痛 아플 통, 劑 약지을 제) 몸의 아픔을 멈추게 하는 약.
- **그제야** 그때에야 비로소.
- **사분사분하면** 성질이나 마음씨 등이 부드럽고 너그러우면.
- **헌것** 낡고 오래되어 상한 물건.
- **대들면** 요구하거나 반항하려고 맞서서 달려들면.

지문 독해

중심 내용

1 '내'가 엄마에게 가지고 있는 불만에 맞게 빈칸에 들어갈 알맞은 말을 쓰세요.

엄마가 ☐ 한테만 잘해 주고 나에게는 ☐☐☐ 인 것

세부 내용

2 엄마가 '나'의 말에 대답이 없었던 까닭은 무엇인가요? ( )

① '내'가 사분사분 말하지 않아서

② '내'가 학원에서 수학 문제를 틀려서

③ '내'가 진통제가 있는 곳을 알고 있어서

④ 양치질을 하지 않는 '나'에게 화가 나서

⑤ 형이 올 시간에 맞추어 닭다리 튀김을 만드느라 바빠서

표현

3 다음 뜻을 가진 표현을 ㉮에서 찾아 쓰세요.

어떤 일이나 물건이 드문드문 있음을 빗대어 이르는 말.

☐☐ 에 ☐ 나듯 한다.

추론

4 이 글에서 '내'가 느꼈을 마음으로 알맞은 것을 모두 고르세요.

(, ,)

① 외롭다.   ② 미안하다.

③ 속상하다.   ④ 부끄럽다.

⑤ 서운하다.

지문 분석

1 인물 태도 '나'와 형을 대하는 엄마의 태도를 생각하며 빈칸에 들어갈 알맞은 말을 보기 에서 찾아 쓰세요.

보기

헌	새	자장면	닭다리

엄마의 태도

- '내'가 ❶ ☐☐☐ 이 먹고 싶다고 하면 자장 라면을 끓여 주심.
- 형이 먹고 싶다는 ❷ ☐☐☐ 튀김은 바로 만들어 주심.
- 무엇이든 형이 쓰던 ❸ ☐ 것만 '나'에게 물려주심.
- 형과 '내'가 싸우면 동생이 대들면 안 된다며 '나'부터 야단치심.

❶(   ) ❷(   ) ❸(   )

2 제목 의미 이 글의 제목이 뜻하는 것으로 알맞은 것을 찾아 ○표 하세요.

제목	제목의 의미
「우리 집엔 형만 있고 나는 없다」	• '나'는 집에 없고, 형만 집에 남아 있다. ( ) • 엄마는 형에게만 관심이 있고, '나'에게 는 관심이 없다. ( )

배경지식 **창작 동화가 무엇인가요?**

「우리 집엔 형만 있고 나는 없다」는 형만 신경쓰는 엄마에게 서운함을 느끼는 '나'에 대한 이야기를 그린 창작 동화입니다. 여기서 창작 동화란 무엇일까요?

창작 동화는 글쓴이가 실제로 일어날 법한 이야기를 상상하여 꾸며 쓴 글을 말합니다. 그래서 창작 동화에 나오는 인물이나 장소는 우리에게 익숙한 것들이 많지요. 이 글에서 '나'는 학원에 가고, 양치를 하지 않았다고 엄마께 혼나기도 하지요. 어때요? 우리의 주변에서 쉽게 볼 수 있는 모습이지요? 그래서 창작 동화를 읽을 때에는 인물들이 겪은 일과 비슷한 자신의 경험을 떠올려 보면서 읽으면 훨씬 재미있게 글을 읽을 수 있습니다.

오늘의 어휘

다음 낱말의 알맞은 뜻을 찾아 선으로 이으세요.

헌것 • • 그때서야 비로소.

그제야 • • 낡고 오래되어 상한 물건.

진통제 • • 몸의 아픔을 멈추게 하는 약.

대들면 • • 요구하거나 반항하려고 맞서서 달려들면.

푸대접 • • 정성을 들이지 않고 아무렇게나 하는 대접.

1 다음 빈칸에 들어갈 알맞은 말을 오늘의 어휘 에서 찾아 쓰세요.

• 이 인형은 ☐☐ 이지만 나에게는 매우 소중하다.

• 엄마는 머리가 아픈 나에게 ☐☐☐ 를 주셨다.

• 형이 나에게 또 ☐☐☐ 때려 주겠다며 화를 냈다.

• 윤아가 화를 내자 ☐☐☐ 준수는 장난을 멈추었다.

• 친척 집에 놀러 가서 ☐☐☐ 을 받고 오신 할머니는 기분이 상하셨다.

2 다음 밑줄 친 낱말과 뜻이 반대인 말을 ( )에서 찾아 ○표 하세요.

'집들이'는 새로운 집에 이사 간 사람이 친척이나 친구들을 불러서 자신의 집을 구경시켜 주고, 음식을 차려 대접하는 것을 말합니다. 집들이에 초대된 손님들은 선물을 준비하고, 새로운 집에 이사 간 것을 축하해 줍니다.

(환영, 칭찬, 푸대접)

우리 집엔 형만 있고 나는 없다 ❷ | 김향이

"선재가 민재처럼 건강하면 걱정이 없겠는데……. 가리는 것도 많고 입도 짧으니 신경써 줘야 해요."

엄마가 외할머니한테 하는 전화 내용도 늘 형 걱정뿐이에요.

닭다리 튀김이 다 익었는지 냄새가 끝내줘요.

오늘은 맛있는 닭다리 튀김도 ㉠그림의 떡이에요.   5

'형이나 **실컷** 먹으라지! 치사해서 안 먹는다.' 〈중략〉

"다녀왔습니다."

"배고프지? 어서 손 씻고 와. 민재야, 형 왔다. 저녁 먹게 빨랑 나와."

'저럴 줄 알았다니까. 형만 챙길 때는 꼭 팥쥐 엄마 같아!'

엄마는 형이 **도장**에서 돌아올 시간에 맞추어 저녁을 준비해요.   10

운동을 하고 난 형이 배가 고파서 많이 먹게 될 테니까요.

형은 엄마 **성화**에 못 이겨 **마지못해** 검도를 배우러 다녀요.

'배우기 싫다는 형 대신 나나 배우게 할 것이지. 나한테는 수학 학원만 다니라고 하고…….'

"민재야, 뭐 하니? 빨랑 오잖고."   15

"나, 이 아프다고 했잖아!"

"맛있는 거 형하고 엄마가 다 먹는다."

일부러 나 **약** 오르라고 그런다는 거 나도 알아요.

'형이나 실컷 먹으라지. 이따 아빠 오시면 다 일러 버릴 거니까, 뭐. 내가 저녁을 굶으면 마음이 아프겠지?'   20

그런데 엄마는 내가 밥을 굶는다는데 와 보지도 않아요.

- **실컷** 마음에 하고 싶은 대로 한껏.
- **도장**(道 길 도, 場 마당 장) 태권도, 검도 같은 무예를 연습하거나 가르치는 곳.
- **성화**(成 이룰 성, 火 불 화) 몹시 귀찮게 구는 일.
- **마지못해** 마음이 내키지는 않지만 사정에 따라 그렇게 할 수밖에 없이.
- **일부러** 어떤 목적이나 생각을 가지고. 또는 마음을 내어 굳이.
- **약** 화가 나서 분한 감정.

중심 내용

1 엄마가 형을 걱정하고 신경쓰는 까닭에 맞게 빈칸에 들어갈 알맞은 말을 쓰세요.

> 형이 가리는 것도 많고 □도 짧아서 □□하지 않기 때문에

세부 내용

2 '내'가 엄마에게 불만인 것을 모두 고르세요. (,   ,   )

① 수학 학원만 보내 주는 것
② 검도를 억지로 배우게 하는 것
③ 저녁을 빠르게 먹으라고 하는 것
④ 외할머니와 전화할 때 늘 형 걱정만 하는 것
⑤ 형이 돌아올 시간에 맞추어 저녁을 준비하는 것

표현

3 ㉠과 같은 표현을 사용하는 상황으로 알맞은 것을 찾아 ○표 하세요.

(1) 아무리 맘에 들어도 가질 수 없을 때   (   )
(2) 너무 맛이 없어서 절대로 먹을 수 없을 때   (   )
(3) 너무 아름다워서 만지기 아까워 보기만 할 때   (   )

적용

4 '나'와 비슷한 기분을 느낀 친구는 누구인지 찾아 기호를 쓰세요.

> ㉮ 집안일을 혼자서 하시느라 쉴 시간이 없는 엄마가 안쓰러운 윤지
> ㉯ 자신이 가장 좋아하는 수박을 형한테 더 많이 주는 엄마에게 서운한 형준
> ㉰ 친구들과 놀고 싶은데 학원에 가야 한다고 말하는 엄마 때문에 기분이 상한 지혜

(   )

지문 분석

1 인물 특징   '나'와 형의 특징을 생각하며 빈칸에 들어갈 알맞은 말을 [보기]에서 찾아 쓰세요.

보기
몸	입	건강	질투	존경

'나'
•몸이 ❶ ☐☐ 하다.
•형을 ❷ ☐☐ 한다.

형
•몸이 약하다.
•가리는 것도 많고 ❸ ☐ 이 짧다.

❶(   )   ❷(   )   ❸(   )

2 인물 마음   다음 상황에서 '나'의 마음으로 알맞은 것을 찾아 ○표 하세요.

상황	→	'나'의 마음
저녁을 먹자고 하는 엄마에게 '나'는 이가 아프다며 굶겠다고 함.		•엄마가 저녁을 준비하지 않고 편히 쉬시길 바라는 마음 ( ) •엄마가 '나'에게도 관심을 가져 주고 신경을 써 주시길 바라는 마음 ( )

배경지식   **'나'는 엄마와 왜 자꾸 부딪치는 것일까요?**

이야기에서 '갈등'이란 인물들끼리 서로 생각이나 처한 상황, 이해하는 정도가 달라서 부딪치는 것을 말해요. 「우리 집엔 형만 있고 나는 없다」에서 '나'는 엄마가 형만 신경쓰고 '나'에게는 관심이 없는 것 같아서 서운함을 느끼고, 또 엄마는 그런 '나'의 마음을 알지 못하고 형만 챙기셔서 서로 갈등하고 있어요.

갈등은 이야기를 더욱 재미있고 호기심을 느끼게 만들어요. 앞으로 이야기가 펼쳐지면서 '나'와 엄마의 갈등이 어떻게 풀어질지 상상해 보세요.

몸이 약한 형

엄마   '나'

오늘의 어휘

다음 낱말의 알맞은 뜻을 찾아 선으로 이으세요.

약 • • 몹시 귀찮게 구는 일.

실컷 • • 화가 나서 분한 감정.

성화 • • 마음에 하고 싶은 대로 한껏.

일부러 • • 어떤 목적이나 생각을 가지고. 또는 마음을 내어 굳이.

마지못해 • • 마음이 내키지는 않지만 사정에 따라 그렇게 할 수밖에 없이.

1 다음 빈칸에 들어갈 알맞은 말을 오늘의 어휘 에서 찾아 쓰세요.

• 친구의 놀림에 정수는 ☐ 이 바짝 올랐다.

• 정수는 엄마의 잔소리에 ☐☐☐ 책을 폈다.

• 할머니는 매번 동생의 ☐☐ 에 못 이겨 업어 주신다.

• 나는 영주와 함께 등교하려고 ☐☐ 일찍 일어났다.

• 오늘은 주말이라 내가 좋아하는 게임을 ☐☐ 할 수 있다.

2 다음 밑줄 친 낱말과 뜻이 비슷한 말을 ( )에서 찾아 ○표 하세요.

강강술래는 손에 손을 잡고 커다란 원을 그리면서 뛰는 민속놀이입니다. 옛날에는 여자들이 집 밖으로 외출하는 것이 쉽지 않았는데, 달 밝은 추석날 밤에는 밖으로 나와 <u>마음껏</u> 뛰어놀 수 있었어요. 그래서 추석이 되면 여자들은 강강술래를 하면서 그동안 쌓였던 서러움을 풀 수 있었다고 합니다.

(실컷, 대충, 적당히)

우리 집엔 형만 있고 나는 없다 ❸ | 김향이

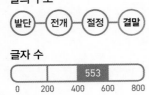
"민재야, 죽 먹자."

엄마가 죽 그릇에 쟁반을 받쳐 들고 들어왔어요. 참기름 냄새가 고소해요.

"많이 아프니? 오늘은 늦었으니 내일 치과 가자."

그때, 엄마가 책상 위에 있는 수학 시험지를 보았어요.

"또 틀렸니? 어유, 작은놈은 공부를 못해서 걱정, 큰놈은 몸이 약해서 걱정."

"엄마, 작은놈은 몸이 튼튼해서 좋고, 큰놈은 공부를 잘해서 좋다 그러는 거야."

엄마가 나를 쳐다보고 호호 웃다가 전화벨 소리에 달려 나갔어요.

"어머, 민재가 그랬어요? 집에 와서는 그런 얘기 안 하던데요."

내가 등 긁으시라고 효자손 사다 드린 걸 외할머니께서 자랑하시나 봐요.

"민재가 **잔정**도 많고 속도 깊어요. 몸이 약한 형 때문에 늘 **뒷전**이라도 제 일 제가 알아서 하니까 공부 빼고는 **나무랄** 게 없어요."

'와우! 어머니, 어머니, 우리 어머니. 지금까지 **신경질** 낸 것 용서하시와요. 네!'

엄마가 그렇게까지 생각하는 줄은 **미처** 몰랐어요.

나는 죽이 입으로 들어가는지 코로 들어가는지 모르게 정신없이 먹었어요. 언제 왔는지 엄마가 빙그레 웃으며 나를 쳐다보아요. 지금 보니까 우리 엄마 웃는 모습이 정말 예뻐요.

- **잔정**(情 뜻 정) 자상하고 자잘한 정.
- **뒷전** 나중의 차례.
- **나무랄** 흠을 지적하여 말할.
- **신경질** 신경이 너무 예민하여 사소한 일에도 자극되어 곧잘 흥분하는 성질.
- **미처** 아직 거기까지 미치도록.

지문
독해

갈래

1 이 글에 대한 설명으로 알맞은 것을 찾아 ○표 하세요.

(1) 엄마가 겪은 일을 중심으로 이야기가 펼쳐진다. ( )

(2) '나', 엄마, 외할머니가 이야기에 직접 등장한다. ( )

(3) '나'의 마음이 바뀌는 과정을 중심으로 이야기가 펼쳐진다. ( )

세부 내용

2 엄마가 외할머니께 '나'에 대해 말한 내용으로 알맞은 것을 모두 고르세요.

(, ,)

① 속이 깊다.

② 잔정이 많다.

③ 공부를 잘한다.

④ 몸이 약한 형을 잘 챙긴다.

⑤ 자기의 일은 자기가 알아서 한다.

어휘

3 '나'와 형에 대한 엄마의 마음을 표현하기에 알맞은 속담을 찾아 기호를 쓰세요.

㉮ 형만 한 아우 없다

㉯ 가는 말이 고와야 오는 말이 곱다

㉰ 열 손가락 깨물어 안 아픈 손가락이 없다

( )

추론

4 이 글 뒤에 이어질 내용을 짐작하여 빈칸에 들어갈 알맞은 말을 쓰세요.

'나'는 앞으로 [ ][ ] 말도 잘 듣고, 건강이 좋지 않은 [ ]을 배려

하며 사이좋게 잘 지낼 것이다.

지문 분석

1 마음 변화 이야기의 흐름에 따라 '나'의 마음이 어떻게 변하였는지 선으로 이으세요.

상황	'나'의 마음
엄마가 죽 그릇을 들고 오셨을 때 ·	· 이가 아픈 '나'를 걱정하는 엄마 모습에 화가 조금 풀림.
엄마가 외할머니와 전화 통화를 하셨을 때 ·	· '나'를 자랑하는 엄마의 말씀을 듣고 엄마한테 화낸 것이 미안해지고 기분이 좋아짐.

2 주제 이 글의 마지막 내용을 보고 주제를 찾아 ○표 하세요.

마지막 내용	주제
엄마가 형뿐만 아니라 '나'도 걱정하고 '나'에게도 관심이 있다는 것을 알게 된 '나'는 기분이 좋아짐. →	• 부모님은 모든 자식을 아끼고 사랑한다. (　　　) • 뛰어난 자식이 되어야 사랑을 받을 수 있다. (　　　)

배경지식 「우리 집엔 형만 있고 나는 없다」 전체 줄거리

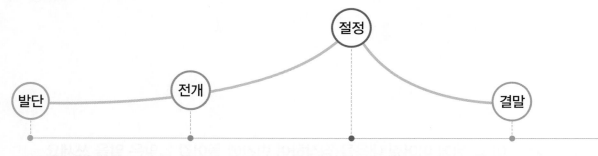

발단	전개	절정	결말
'나'는 이가 아프다는 자신의 말에는 관심이 없고, 형을 위해 닭다리 튀김을 만드느라 정신이 없는 엄마가 야속함.	형이 '나'만큼 건강하지 않아 걱정인 엄마는 '나'보다 형을 더 신경쓰고, 기분이 상한 '나'는 저녁을 굶으려고 함.	'나'는 배가 점점 고프고 엄마에게 서운한 마음이 드는데, 엄마가 죽 그릇을 가져오자 화가 조금씩 풀림.	'나'는 엄마가 외할머니께 자신의 자랑을 하는 것을 듣고 그동안 엄마한테 신경질 낸 것이 미안해지고, 기분이 좋아짐.

오늘의 어휘

다음 낱말의 알맞은 뜻을 찾아 선으로 이으세요.

잔정 • • 나중의 차례.

뒷전 • • 흠을 지적하여 말할.

미처 • • 자상하고 자잘한 정.

신경질 • • 아직 거기까지 미치도록.

나무랄 • • 신경이 너무 예민하여 사소한 일에도 자극되어 곧잘 흥분하는 성질.

1 다음 빈칸에 들어갈 알맞은 말을 오늘의 어휘 에서 찾아 쓰세요.

• 내 짝꿍은 친구로서 ☐☐☐ 데가 없다.

• 엄마는 언제나 언니가 우선이고, 나는 ☐☐이다.

• 동생은 ☐☐이 많아 사람들을 잘 배려하고 챙긴다.

• 형은 무엇이 마음대로 되지 않는지 자꾸 ☐☐☐을 냈다.

• 우리 반은 선생님이 오실 때까지 ☐☐ 청소를 다 끝내지 못했다.

2 다음 밑줄 친 낱말과 뜻이 비슷한 말을 (   )에서 찾아 ○표 하세요.

꽃망울은 <u>아직</u> 피지 않은 어린 꽃봉오리를 말해요. 시간이 지나면 꽃봉오리의 개수가 점점 많아집니다. 꽃봉오리가 많아지면 꽃이 피기 시작해요. 그리고 시간이 지나 꽃이 진 자리에는 열매가 생긴답니다.

(이미, 벌써, 미처)

길잡이 개 단비 ❶ | 백영현

영미는 네 살 때 **열병**을 앓은 뒤로 앞을 보지 못해요. 그래서 누가 손을 잡아 주거나 기다란 지팡이로 더듬거려야 걸을 수 있지요. 그러나 이제는 단비를 앞세우고 어디든지 갈 수 있게 되었어요.

단비는 쫑긋한 귀와 말려 올라간 꼬리, 그리고 늘씬한 몸매를 가진 진 돗개랍니다. 5

영미의 **길잡이**도 되고 친구도 하라고 아버지가 비싼 값을 치르고 사 온 거예요.

단비는 **금세** 영미와 친해졌답니다. 단비라는 이름도 영미가 지은 거예요.

단비가 영미네 집 길잡이 개로 온 지도 벌써 두 달이 지났어요. 10

"단비야, 나하고 공원 갈래?"

"컹컹, 그래."

이제 영미의 손에는 기다란 지팡이 대신 단비를 묶은 줄이 쥐어져 있어요.

단비와 함께 가는 산책은 늘 즐겁고 신이 났어요. 15

단비는 영미 걸음에 맞추어 걸었어요.

영미가 힘들어하면 천천히 걷고, 기분이 좋을 때는 빨리 걸었지요. 단비는 영미네 집으로 오기 전에 **훈련**을 많이 받았어요.

"너희들은 그냥 집만 지키는 동물이 아냐. 사람들을 도와주고 사람들에게 필요한 일을 해야 한다. 그러려면 특별한 훈련을 받아야 해." 20

- **열병** 열이 몹시 오르고 심하게 앓는 병.
- **길잡이** 길을 안내해 주는 사람이나 사물.
- **금세** 시간이 얼마 지나지 않아서.
- **훈련** 기본자세나 동작 등을 되풀이하여 익힘.

지문
독해

중심 내용

1 단비와 영미의 관계에 맞게 빈칸에 들어갈 알맞은 말을 쓰세요.

단비는 영미의 ☐☐☐ 개이자 ☐☐ 이다.

세부 내용

2 다음 일의 결과로 알맞은 것은 무엇인가요? ( )

영미는 네 살 때 열병을 앓음.

① 영미는 일어설 수 없게 되었다.
② 영미는 앞을 볼 수 없게 되었다.
③ 영미는 말을 할 수 없게 되었다.
④ 영미는 냄새를 맡을 수 없게 되었다.
⑤ 영미는 소리를 들을 수 없게 되었다.

세부 내용

3 단비가 특별한 훈련을 받은 까닭은 무엇인가요? ( )

① 사람들을 물지 않기 위해
② 사람들의 집을 지키기 위해
③ 다른 불쌍한 개들을 도와주기 위해
④ 사람들처럼 생활하는 방법을 익히기 위해
⑤ 사람들을 도와주고 사람들에게 필요한 일을 하기 위해

추론

4 단비의 모습을 나타내기에 알맞은 말은 무엇인가요? ( )

① 순하고 느긋하다.
② 재빠르고 사납다.
③ 영리하고 이기적이다.
④ 똑똑하고 배려심이 많다.
⑤ 흥이 많고 집중력이 부족하다.

지문 분석

정답과 해설 07쪽

1 인물 특징 ㅣ 단비에 대한 설명으로 맞는 것에 ○표, 맞지 <u>않는</u> 것에 ×표 하세요.

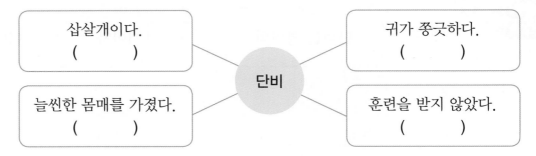

삽살개이다. ( )		귀가 쫑긋하다. ( )
	단비	
늘씬한 몸매를 가졌다. ( )		훈련을 받지 않았다. ( )

2 인물 마음 ㅣ 단비의 행동을 보고 영미를 대하는 단비의 마음으로 알맞은 것을 찾아 ○표 하세요.

단비의 행동	단비의 마음
영미가 힘들어하면 천천히 걷고, 영미가 기분이 좋을 때는 빨리 걸음.	• 영미를 배려하고 보호하고 싶은 마음 ( ) • 영미가 하는 것은 무엇이든지 따라 하고 싶은 마음 ( )

배경지식 **진돗개는 어떻게 생겼을까요?**

진돗개는 전라남도 진도에서 생겼다고 알려진 개입니다. 몸은 누런 갈색이나 흰색이고, 귀가 쫑긋합니다. 「길잡이 개 단비」에서도 단비를 귀가 쫑긋하다고 표현하고 있지요.

우리나라 천연기념물 제53호인 진돗개는 세계 어느 나라의 개 못지않게 영리하고 뛰어난 개라고 알려져 있습니다. 진돗개는 특히 주인을 평생 따르며 절대 배신하지 않는 개로도 유명합니다. 단비도 항상 영미의 기분을 살피고, 영미의 걸음에 맞추어 걷는 것을 보면 얼마나 충성심이 뛰어난지 알 수 있습니다.

진돗개는 덩치가 크지 않지만 용감해서 자기보다 훨씬 큰 동물을 만나도 무서워하지 않기 때문에 사냥할 때 사냥개로도 많이 쓰인다고 합니다.

오늘의 어휘

다음 낱말의 알맞은 뜻을 찾아 선으로 이으세요.

값 •   • 몸이 가늘면서 키가 큰.

열병 •   • 시간이 얼마 지나지 않아서.

금세 •   • 물건을 사고팔 때 주고받는 돈.

늘씬한 •   • 길을 안내해 주는 사람이나 사물.

길잡이 •   • 열이 몹시 오르고 심하게 앓는 병.

1 다음 빈칸에 들어갈 알맞은 말을 오늘의 어휘 에서 찾아 쓰세요.

- 동생은 ☐☐ 이 나서 식은땀을 계속 흘렸다.
- 보일러를 틀었더니 방 안이 ☐☐ 따뜻해졌다.
- 아빠께서 비싼 ☐ 을 치르고 우리가 탈 자전거를 사 오셨다.
- 어두운 밤에 어부들은 등대를 ☐☐☐ 로 삼아 길을 찾는다.
- 우리 언니는 ☐☐☐ 키와 오똑한 코를 가진 것이 아빠를 닮았다.

2 다음 밑줄 친 낱말과 뜻이 반대인 말을 ( )에서 찾아 ○표 하세요.

○○초등학교에서는 지난 일 년 동안 '아침 달리기하기', '쉬는 시간에 체조하기', '급식 골고루 먹기' 활동을 꾸준히 실천해 왔습니다. 그 결과, 학기 초에 비해 학생들의 체력이 좋아지고 <u>뚱뚱한</u> 학생 수도 많이 줄어들었습니다.

(큰, 강한, 늘씬한)

길잡이 개 단비 ❷ | 백영현

개 훈련소 아저씨는 날마다 단비를 훈련시켰어요.

앉고, 일어서고, 달리는 연습에서부터 공을 던지면 물어오는 연습도 수천 번이나 시켰답니다.

단비는 하루 종일 훈련받느라 몹시 지쳐서 긴 혀를 빼물고 침을 흘리며 **헉헉거렸지만**, 아저씨는 조금도 봐주지 않았어요.   5

웅덩이 피해 가기, 통나무다리 건너기, 담 뛰어넘기, **건널목** 건너기, 차 피해 가기, 도둑 쫓기 따위를 끊임없이 훈련시켰어요.

㉠그토록 힘든 훈련을 끝내고 나서 단비는 마침내 영미네 집으로 오게 된 거예요. 영미를 만나자 단비는 편안하고 즐거웠어요. 영미뿐 아니라 온 식구가 단비를 귀여워했고요.   10

단비는 이제껏 사람들한테 이렇게 사랑을 받아 본 적이 없었어요.

〈중략〉

그런데 어느 날, 영미가 심한 감기 **몸살**을 앓게 되었어요. 그래서 며칠 동안 꼼짝 못 하고 방 안에 누워 있을 수밖에 없었지요.

단비는 영미가 걱정되어 밥도 안 먹고 집 밖으로 나가지도 않았어요.   15

영미의 기침 소리만 들려도 문 앞까지 달려가서 문을 긁어 대며 **낑낑거렸지요.**

영미는 며칠을 심하게 앓고 난 뒤에야 자리에서 일어났어요.

감기가 다 낫자, 단비가 영미 엄마보다 더 기뻐했답니다.

영미와 단비는 오랜만에 공원으로 **나들이**를 갔어요.   20

● **헉헉거렸지만** 몹시 놀라거나 숨이 차서 숨을 몰아쉬는 소리를 자꾸 냈지만.

● **건널목** 강이나 길 등에서 건너다니게 된 일정한 곳.

● **몸살** 몸이 몹시 피로하여 일어나는 병.

● **낑낑거렸지요** 몹시 아프거나 힘에 겨워 괴롭게 자꾸 소리를 냈지요.

● **나들이** 집을 떠나서 가까운 곳에 잠시 다녀오는 일.

지문
독해

갈래

1 이 글에서 가장 중요한 인물은 누구누구인지 쓰세요.

		,		

어휘

2 ㉠과 같은 상황에 어울리는 속담을 찾아 기호를 쓰세요.

> ㉮ 고생 끝에 낙이 온다
> ㉯ 소 잃고 외양간 고친다
> ㉰ 돌다리도 두들겨 보고 건너라

(   )

세부 내용

3 단비가 밥도 안 먹고 집 밖으로 나가지도 않은 까닭은 무엇인가요? (   )

① 심한 감기 몸살을 앓아서
② 훈련이 너무 힘들고 지쳐서
③ 감기에 걸린 영미가 걱정되어서
④ 영미네 가족들이 아픈 영미만 걱정해서
⑤ 방 안에 누워만 있는 영미에게 서운해서

감상

4 이 글에 나오는 인물에 대한 생각이나 느낌을 알맞게 말한 것을 찾아 ○표 하세요.

⑴ 영미네 식구에게 사랑을 받은 단비는 무척 행복했을 것 같아.   (   )

⑵ 개 훈련소 아저씨는 단비가 훈련을 받기 싫어해서 곤란했을 것 같아.

(   )

⑶ 감기에 걸려 아픈 영미는 단비가 자꾸 귀찮게 해서 화가 났을 것 같아.

(   )

지문 분석

정답과 해설 08쪽

1 사건 전개 일이 일어난 시간 순서에 맞게 보기 에서 기호를 찾아 차례대로 쓰세요.

> **보기**
>
> ㉮ 영미네 식구들은 단비를 귀여워하고 사랑해 줌.
> ㉯ 영미는 심한 감기 몸살을 앓고 단비는 그런 영미를 걱정함.
> ㉰ 영미의 감기가 다 나은 뒤 영미와 단비는 공원으로 나들이를 감.
> ㉱ 단비는 사람들을 돕기 위해 힘든 훈련을 받고 영미네 집으로 오게 됨.

(   ) → (   ) → ㉯ → (   )

2 마음 변화 다음 상황에서 단비의 마음을 짐작하여 (   ) 안에 들어갈 알맞은 말을 찾아 ○표 하세요.

상황		단비의 마음
영미뿐 아니라 온 식구가 단비를 귀여워함.	→	(행복한, 미안한) 마음
영미가 감기에 걸려 며칠 동안 꼼짝 못하고 방 안에만 누워 있음.	→	(서운한, 걱정되는) 마음

배경지식 ## 장애인을 위한 시설을 알아볼까요?

「길잡이 개 단비」에서 영미는 앞이 보이지 않는 시각 장애인이에요. 우리 주위에는 영미처럼 여러 가지 불편함을 겪는 장애인들을 위한 시설이 있어요.

먼저, 점자 표지 안내판은 앞이 보이지 않는 시각 장애인에게 주변의 장소 정보를 알려 줍니다. 또, 장애인의 이동을 돕기 위해 주차장에는 장애인 전용 주차 구역을 설치해 놓고 있어요. 횡단보도에는 시각 장애인이 길을 안전하게 건널 수 있도록 음향 신호기를 설치하여 신호가 바뀌는 것을 알 수 있게 해 줍니다.

오늘의 어휘

다음 낱말의 알맞은 뜻을 찾아 선으로 이으세요.

종일 •　　　　　• 더할 수 없이 심하게.

훈련 •　　　　　• 아침부터 저녁까지의 동안.

몸살 •　　　　　• 몸이 몹시 피로하여 일어나는 병.

몹시 •　　　　　• 기본자세나 동작 등을 되풀이하여 익힘.

나들이 •　　　　　• 집을 떠나서 가까운 곳에 잠시 다녀오는 일.

1 다음 빈칸에 들어갈 알맞은 말을 오늘의 어휘 에서 찾아 쓰세요.

- 연수는 어제 비를 맞고 ☐☐이 났다.

- 선수들은 비가 오는데도 ☐☐을 계속했다.

- 정호는 숙제도 하지 않고 ☐☐ 책만 봤다.

- 밤이 되자 엄마는 내가 길을 잃을까 봐 ☐☐ 걱정했다.

- 이번 일요일에 가족 모두 공원으로 ☐☐☐를 가기로 했다.

2 다음 밑줄 친 낱말과 뜻이 비슷한 말을 ( )에서 찾아 ○표 하세요.

　　나팔꽃은 덩굴 식물이기 때문에 혼자서 자라지 못합니다. 그래서 나팔꽃의 줄기가 감고 올라갈 수 있도록 줄을 매달아 주거나 막대를 세워 주어야 합니다. 나팔꽃의 줄기에는 하얀 잔털이 <u>매우</u> 많기 때문에 줄이나 막대를 감아 올라갈 때 미끄러지지 않는답니다.

(몹시, 한창, 자주)

길잡이 개 단비 ❸ | 백영현

공원에 갈 때에는 언제나 건널목 건너기가 가장 조심스러웠어요.

신호등이 있긴 하지만, 앞을 못 보는 영미나 색을 알아보지 못하는 단비에게는 아무 **소용**이 없어요.

단비는 사람들이 지나가기만을 기다렸어요. 사람들이 지나갈 때 따라가면 안전하다는 것을 알고 있거든요.

길 건너편에서 어떤 사람이 급하게 뛰어오는 것이 보였어요.

단비는 조심스럽게 발을 **내딛었어요**. 영미가 그 뒤를 따랐어요.

끼익, 끼이익.

달려온 차들이 급히 멈추는 소리가 들렸어요.

단비는 **바짝 긴장**되었어요. 줄이 **팽팽해졌어요**.

단비는 영미가 잘 따라오는지 가끔 뒤를 돌아보면서 조심조심 걸었어요.

같이 지나던 사람은 벌써 다 건넜어요.

신호가 바뀌었는지 서 있던 차들이 빵빵거리기 시작했어요.

영미는 놀라서 길 가운데 멈춰 섰어요.

앞장섰던 단비가 영미 옆으로 왔어요.

단비는 흰 이빨을 드러내고 움직이려는 차를 향해 으르렁거렸어요.

차들이 다시 멈추었어요. 차에 탄 사람들은 단비가 영미를 데리고 건너는 모습을 조용히 지켜보았어요. 어떤 사람들은 고개를 끄덕이기도 했지요.

신호등에는 벌써 빨간불이 들어왔지만, 어느 누구도 차를 출발시키지 않고 영미와 단비가 지나가기만을 기다렸답니다.

- **소용** 쓸 곳. 또는 쓰이는 바.
- **내딛었어요** 걸어가려고 서서 발을 앞으로 옮겨 놓았어요.
- **바짝** 매우 가까이 달라붙거나 세게 죄는 모양.
- **긴장** 마음을 조이고 정신을 바짝 차림.
- **팽팽해졌어요** (무엇이) 힘껏 잡아 당겨져서 튕기는 힘이 있어졌어요.

중심 내용

1 이 글에서 일어난 일 중 가장 중요한 일을 찾아 ○표 하세요.

(1) 신호가 바뀌자 차들이 영미와 단비를 향해 빵빵거린 일　(　)

(2) 단비가 급하게 뛰어오는 사람을 보고 길을 건너기 위해 발을 내딛은 일
　(　)

(3) 신호등이 빨간불로 바뀌었지만 차들이 출발하지 않고 영미와 단비를 기다려 준 일　(　)

세부 내용

2 길 가운데 멈춰 섰을 때 영미의 마음으로 알맞은 것은 무엇인가요? (　)

① 귀찮음.　　　② 신기함.　　　③ 무서움.
④ 고마움.　　　⑤ 재미있음.

세부 내용

3 단비가 차를 향해 으르렁거린 까닭은 무엇인가요? (　)

① 차들이 과속을 해서
② 영미를 보호하기 위해서
③ 차를 빨리 보내기 위해서
④ 차들이 빵빵거리는 소리가 작아서
⑤ 신호가 바뀌었다는 것을 알리기 위해서

적용

4 이 글의 내용과 비슷한 경험을 말한 것을 찾아 기호를 쓰세요.

> ㉮ 찻길에서 신호를 지키지 않아서 일어난 교통사고를 보았어. 깜짝 놀라서 소리를 질렀지 뭐야.
> ㉯ 횡단보도가 없는 도로에서 무단횡단을 하는 사람을 본 적이 있어. 사고가 날까 봐 조마조마했어.
> ㉰ 목발을 짚고 힘들게 걷는 친구의 책가방을 들어 주었는데 그때 친구가 나에게 무척 고마워했어.

(　 　 　)

지문 분석

1 사건 전개 일이 일어난 시간 순서에 맞게 보기 에서 기호를 찾아 차례대로 쓰세요.

> 보기
>
> ㉮ 단비가 움직이려는 차들을 향해 으르렁거림.
> ㉯ 건널목에서 영미가 단비 뒤를 따라 조심스럽게 길을 건넘.
> ㉰ 영미와 단비가 길을 건너던 중에 빨간불로 신호가 바뀌어 차들이 빵빵거림.
> ㉱ 영미가 몸이 불편한 것을 안 사람들은 차를 멈추고 단비와 영미를 기다려 줌.

㉯ ➔ (   ) ➔ (   ) ➔ (   )

2 주제 차에 탄 사람들의 행동을 보고 이 글의 주제를 생각하며 (   ) 안에 들어갈 알맞은 낱말을 찾아 ○표 하세요.

차에 탄 사람들의 행동
신호등에는 벌써 빨간불이 들어왔지만, 어느 누구도 차를 출발시키지 않고 영미와 단비가 지나가기만을 기다림.

⬇

주제	몸이 불편한 사람들을 (무시, 배려)하자.

배경지식 「길잡이 개 단비」 전체 줄거리

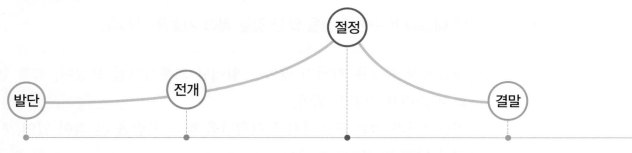

발단	전개	절정	결말
단비는 사람들을 돕기 위해 훈련을 많이 받은 진돗개로, 앞을 보지 못하는 영미의 길잡이이자 친구가 됨.	단비는 영미네 집으로 와서 영미네 식구들의 사랑을 받았고, 누구보다 영미를 걱정하고 배려함.	단비 뒤를 따라서 길을 걷던 영미는 신호가 바뀌어 차들이 빵빵거리자 길 가운데에 멈춰 서 버림.	단비가 움직이려는 차를 향해 으르렁대자 차들이 멈추고 단비와 영미가 건널 때까지 기다려 줌.

오늘의 어휘

다음 낱말의 알맞은 뜻을 찾아 선으로 이으세요.

안전 •   • 예상보다 빠르게.

급히 •   • 쓸 곳. 또는 쓰이는 바.

긴장 •   • 아무 탈이 없고 위험이 없는 것.

소용 •   • 마음을 조이고 정신을 바짝 차림.

벌써 •   • 시간의 여유가 없어 일을 서두르거나 다그쳐 매우 빠르게.

1 다음 빈칸에 들어갈 알맞은 말을 오늘의 어휘 에서 찾아 쓰세요.

• 언제나 ☐☐ 운전을 해야 한다.

• 정민이는 시험이 끝나자 ☐☐이 풀려 자꾸 졸았다.

• 음식을 ☐☐ 먹으면 체할 수 있으니 조심해야 한다.

• 조그맣던 아이가 ☐☐ 초등학생이 되어 학교에 다닌다.

• 비싼 물안경이라도 수영을 못하는 사람에게는 아무 ☐☐이 없다.

2 다음 밑줄 친 낱말과 뜻이 반대인 말을 ( )에서 찾아 ○표 하세요.

영화나 드라마에서 <u>위험</u>한 장면이 있으면, 그 장면을 연기하는 주인공 대신 훈련을 받은 다른 배우가 연기하는 때가 있어요. 이 위험한 역할을 하는 배우들을 '스턴트맨'이라고 해요. 스턴트맨은 영화나 드라마에서 재미와 실감 나는 표현을 위해서 없어서는 안 될 분들이지요.

(불안, 안전, 편리)

지문 분석

가족이 몽땅 사라졌어요 ❶ | 고수산나

"어, 저게 뭐지?"

연못에 이상한 빗자루가 둥둥 떠 있었어요.

윤이는 조심조심 연못으로 들어갔어요. 종아리까지 차오르는 물을 **헤치고** 빗자루를 건져 냈지요.

그때 펑 소리와 함께 연기가 피어오르더니 빗자루가 꼬마 도깨비로 변했어요. 5

"후유, **축축해서** 혼났네. 구해 줘서 고맙다."

"너는 누구니?"

"나는 꼬마 도깨비야. **보답**으로 네 소원을 들어줄게. 지금부터 네가 가장 먼저 비는 소원이 이루어질 거야." 10

윤이가 뭐라고 하기도 전에 꼬마 도깨비는 휙 사라져 버렸지요.

"뭐에 **홀린** 것 같아. 진짜 도깨비였을까?"

윤이는 집으로 돌아오는 내내 고개를 **갸웃거렸어요.** 도깨비랑 얘기를 주고받았는데도 믿어지지 않았지요.

"윤이야, 이 쓰레기 좀 버리고 오너라." 15

"윤이야, 할머니 안마 좀 해 줄래?"

"너, 옷이 그게 뭐니?"

윤이가 집에 들어서자, 엄마는 잔소리부터 하고 할머니, 할아버지는 자꾸 심부름을 시킵니다.

㉠윤이는 입을 삐죽 내밀었습니다. 20

글의 구조

발단 — 전개 — 절정 — 결말

글자 수

0 · 200 · 400(463) · 600 · 800

- **헤치고** 앞에 걸리는 것을 좌우로 물리치고.

- **축축해서** 물기가 있어 젖은 듯해서.

- **보답**(報 갚을 보, 答 대답 답) 남에게 입은 은혜나 고마움을 갚는 것.

- **홀린** 무엇의 유혹에 빠져 정신을 차리지 못하는.

- **갸웃거렸어요** 고개나 몸 등을 이쪽저쪽으로 자꾸 조금씩 기울였어요.

지문 독해

갈래

1 이 글에 대해 바르게 말한 것은 무엇인가요? (   )

① 인물이 한 명만 등장한다.
② 상상 속의 인물이 등장한다.
③ 빗자루의 특징에 대해 설명하고 있다.
④ 장소가 바뀌지 않고 이야기가 펼쳐진다.
⑤ 글쓴이가 직접 겪은 일을 나타낸 이야기이다.

세부 내용

2 윤이가 연못에 떠 있던 빗자루를 건져 내자 빗자루는 무엇으로 변했는지 쓰세요.

☐ ☐ ☐ ☐ ☐

표현

3 이 글에 쓰인 모양을 흉내 내는 말을 찾아 선으로 이으세요.

(1) 못마땅하여 입술을 내미는 모양   •   • ㉮ 둥둥

(2) 어떤 것이 물 위나 공중에 떠서
     움직이는 모양   •   • ㉯ 삐죽

추론

4 윤이가 ㉠과 같은 행동을 한 까닭을 알맞게 짐작한 것을 찾아 ○표 하세요.

(1) 윤이가 낮에 겪은 일을 가족들이 믿어 주지 않아 답답해서   (   )

(2) 윤이가 집에 왔는데도 가족들이 자기 일을 하느라 윤이에게 신경쓰지 않
    아 서운해서   (   )

(3) 윤이가 집에 오자마자 엄마는 잔소리를 하시고, 할머니, 할아버지는 심부
    름을 시키셔서 화가 나서   (   )

지문 분석

1 사건 전개 일이 일어난 차례를 생각하며 (　　　　　) 안에 들어갈 알맞은 말을 찾아 ○표 하세요.

> 윤이가 (연못, 우물)에서 빗자루를 건져 냄.

↓

> (윤이, 빗자루)가 꼬마 도깨비로 변함.

↓

> 꼬마 도깨비가 윤이에게 (소원, 잔소리)을/를 들어주겠다고 함.

2 인물 마음 다음 상황에서 윤이의 마음으로 알맞은 것을 찾아 ○표 하세요.

이야기의 상황	윤이의 마음
윤이가 빗자루를 건져 내자 꼬마 도깨비가 나타나 가장 먼저 비는 소원이 이루어질 것이라고 말하고 사라짐.	• 자신이 찾은 빗자루가 사라져서 화가 남.　　　　(　　　　) • 도깨비를 본 것이 믿기지 않고 어리둥절함.　　　　(　　　　)

배경지식 **도깨비는 어떤 모습일까요?**

　　도깨비는 현실에서는 존재하지 않는 상상 속의 인물이에요. 옛날이야기에서 도깨비는 헌 빗자루 같은 것들이 밤에 사람 모습으로 변하여 나타난 것으로 그려집니다. 도깨비는 신기한 재주로 사람을 홀리고 짓궂은 장난을 좋아하지요.

　　우리말에 '도깨비에 홀린 것 같다.'라는 표현이 있어요. 이 표현은 '어떻게 된 일인지 알 수 없어 정신을 차릴 수 없다.'는 뜻을 가지고 있지요. 실제로 일어날 일은 없지만 만약 우리가 도깨비를 마주친다면 어떨까요? 정말 무엇에 홀린 것처럼 정신을 빼앗기게 되지 않을까요?

다음 낱말의 알맞은 뜻을 찾아 선으로 이으세요.

안마 •

심부름 •

헤치고 •

잔소리 •

축축해서 •

• 물기가 있어 젖은 듯해서.

• 남이 시키는 일을 해 주는 것.

• 앞에 걸리는 것을 좌우로 물리치고.

• 필요 이상으로 듣기 싫게 꾸짖거나 참견하는 말.

• 손으로 몸을 두드리거나 주물러서 피가 잘 돌 수 있도록 도와주는 일.

1 다음 빈칸에 들어갈 알맞은 말을 오늘의 어휘 에서 찾아 쓰세요.

• 땅이 ☐☐☐☐ 앉을 수가 없었다.

• 할머니 ☐☐☐으로 오이를 사러 갔다 왔다.

• 우리는 길게 자란 풀을 ☐☐☐ 들판을 달렸다.

• 영채는 공부하라는 부모님의 ☐☐☐가 듣기 싫었다.

• 하루 종일 무거운 짐을 나르신 아빠를 위해 ☐☐를 해 드렸다.

2 다음 밑줄 친 낱말과 뜻이 비슷한 말을 ( )에서 찾아 ○표 하세요.

비가 많이 오는 장마철에는 방 안의 공기가 <u>습해서</u> 빨래가 잘 마르지 않습니다. 그리고 옷장에 넣어 둔 옷에 곰팡이가 생길 수도 있습니다. 이럴 때에는 보일러를 틀면 습도를 낮출 수 있습니다.

(따뜻해서, 축축해서, 상쾌해서)

가족이 몽땅 사라졌어요 ❷ | 고수산나

"윤이 너, 이리 와 봐."

이번에는 오빠가 윤이를 찾습니다.

"누가 내 책상에 있는 풀이랑 가위 **손대랬어**?"

오빠는 윤이에게 꽁 알밤을 줍니다. 윤이는 화가 나서 방문을 꽝 닫았
어요.   5

"모두 미워. 만날만날 잔소리만 하고, 만날만날 심부름만 시키고, 만날
만날 나만 혼내고. 가족들 모두 **사라져** 버렸으면 좋겠어."

윤이는 방에서 **꼼짝하지 않았어요.**

"갑자기 왜 이렇게 조용하지?"

윤이는 밖으로 나와 보았어요.   10

저녁을 준비하던 엄마도, 신문을 보던 할아버지도, 숙제를 하던 오빠
도, 모두모두 보이지 않았어요.

윤이는 **문득** 도깨비가 한 말이 생각났어요.

"정말 우리 가족 모두 사라진 걸까?"

윤이는 갑자기 무서워졌어요. 이 세상에 나만 혼자 남은 것 같았지요.   15

"엄마, 아빠. 어디 있어?"

윤이는 참다못해 소리 내어 울기 시작했어요.

"도깨비야, 이게 아니야. 진짜 소원은 이게 아니야. 우리 엄마, 아빠를
돌려줘."

곧 도깨비가 나타났어요.   20

"날 불렀구나. 어, 울고 있네?"

"엄마랑 아빠랑 모두 다시 찾아 줘."

"난 너희 가족이 어떻게 생겼는지 몰라."

- **손대랬어** 손으로 만지랬어.

- **사라져** 모양, 남긴 표시나
  자리, 감정 등이 없어져.

- **꼼짝하지 않았어요** 몸을 조
  금도 움직이지 않았어요.

- **문득** 생각이나 느낌 등이
  갑자기 떠오르는 모양.

중심 내용

1 이 글에서 일어난 가장 중요한 일에 맞게 빈칸에 들어갈 알맞은 말을 쓰세요.

> ☐☐ 가 화가 나서 한 말 때문에 진짜로 ☐☐☐ 이 사라져 버렸다.

세부 내용

2 오빠가 윤이에게 알밤을 준 까닭은 무엇인가요? (   )

① 윤이가 오빠에게 잔소리를 해서
② 윤이가 심부름을 잘 하지 않아서
③ 윤이가 방문을 꽝 닫고 가 버려서
④ 윤이가 오빠의 풀과 가위를 만져서
⑤ 윤이가 오빠에게 대들고 버릇없이 말해서

세부 내용

3 이 글에서 윤이의 마음 변화로 알맞은 것은 무엇인가요? (   )

① 지루함. → 슬픔.   ② 슬픔. → 화가 남.
③ 화가 남. → 무서움.   ④ 즐거움. → 화가 남.
⑤ 황당함. → 신이 남.

감상

4 이 글에 나오는 인물에 대한 생각이나 느낌을 알맞게 말하지 <u>못한</u> 것을 찾아 기호를 쓰세요.

> ㉮ 가족들이 사라질 것을 알면서도 그런 소원을 빌다니, 윤이는 가족들에게 화가 많이 났었나 봐.
>
> ㉯ 윤이가 오빠의 물건을 함부로 손대기는 했지만, 윤이 오빠가 윤이에게 조금 더 부드럽게 말했으면 좋았을 것 같아.
>
> ㉰ 아무리 윤이의 가족들이 사라져 버렸으면 좋겠다는 말이 소원처럼 들렸어도 진짜 가족들을 사라지게 만들다니, 도깨비가 너무한 것 같아.

(   )

지문 분석

1 사건 전개

일이 일어난 시간 순서에 맞게 보기 에서 기호를 찾아 차례대로 쓰세요.

보기
㉮ 윤이의 가족들이 모두 사라짐.
㉯ 오빠가 윤이에게 꿍 알밤을 줌.
㉰ 윤이가 가족들을 돌려 달라며 울자 도깨비가 나타남.
㉱ 윤이가 가족들이 모두 사라져 버렸으면 좋겠다고 말함.

(   ) → (   ) → ㉮ → (   )

2 마음 변화

윤이가 한 말을 보고 윤이의 마음을 짐작하여 (   ) 안에 들어갈 알맞은 말을 찾아 ○표 하세요.

윤이의 말		윤이의 마음
"가족들 모두 사라져 버렸으면 좋겠어."	→	(간절한, 화가 나는) 마음
"진짜 소원은 이게 아니야. 우리 엄마, 아빠를 돌려줘."	→	(후회되는, 화가 나는) 마음

배경지식 **가족의 형태는 다양해요.**

윤이네 가족은 할아버지, 할머니, 아버지, 어머니, 윤이 오빠, 그리고 윤이 이렇게 여섯 명이서 함께 살고 있어요. 이러한 가족의 형태를 '확대 가족(대가족)'이라고 해요. 또, 할아버지, 할머니와 손자 또는 손녀들만 함께 사는 가족은 '조손 가족'이라고 한답니다. 가족의 구성원 중에서 외국인이 있는 경우에는 '다문화 가족', 부모님이 한 분만 계신 가족은 '한 부모 가족', 가족 중에 입양한 아이가 있으면 '입양 가족'이라고 하지요.

이처럼 가족의 형태는 매우 다양해요. 하지만 가족의 형태는 달라도 가족끼리 서로 사랑하는 마음은 모두 같고 우리가 살아가는 모습에도 공통점이 많답니다.

다음 낱말의 알맞은 뜻을 찾아 선으로 이으세요.

진짜 •　　• 매일같이 계속하여서.

알밤 •　　• 주먹으로 머리를 가볍게 쥐어박는 일.

만날 •　　• 거짓으로 만들어 낸 것이 아닌 참된 것.

문득 •　　• 모양, 남긴 표시나 자리, 감정 등이 없어져.

사라져 •　　• 생각이나 느낌 등이 갑자기 떠오르는 모양.

1 다음 빈칸에 들어갈 알맞은 말을 오늘의 어휘 에서 찾아 쓰세요.

- 아끼는 연필이 갑자기 □□□ 보이지 않았다.

- 그림 속 동물이 □□ 처럼 살아 움직일 것 같았다.

- 장마철에는 □□ 비가 내려서 운동장에서 놀 수가 없다.

- 동생에게 장난을 친 정재에게 아버지께서 □□ 을 주셨다.

- 호승이는 가족사진을 보다가 □□ 돌아가신 할아버지가 떠올랐다.

2 다음 밑줄 친 낱말과 뜻이 반대인 말을 ( )에서 찾아 ○표 하세요.

　　미국의 유명한 미술관이 문을 닫았다. 세계 최고의 부자들에게 비싼 금액에 팔려 나간 유명 화가의 그림들이 사실은 *진품을 그대로 본떠 그린 <u>가짜</u> 작품이라는 것이 알려졌기 때문이다.
*진품: 진짜인 물품.

(진짜, 거짓, 장난)

가족이 몽땅 사라졌어요 ❸ | 고수산나

윤이는 눈물을 닦고 앨범을 꺼내 왔어요.

"이건 우리 엄마야, 정말 예쁘지? 내가 아프면 **한숨**도 안 자고 내 옆에 있어."

윤이는 엄마 사진에 볼을 대고 비볐어요.

"이건 우리 아빠야, 정말 멋지지? 아빠는 우리를 위해 회사에서 열심 5 히 일해."

윤이는 아빠 사진에 뽀뽀를 했어요.

"이건 우리 오빠야. 나한테 꿀밤도 잘 주지만, 오빠만 있으면 애들이 나한테 꼼짝 못 해."

윤이는 할아버지, 할머니 사진도 보여 주었어요. 10

"모두 보고 싶어. 제발 찾아 줘."

윤이는 앨범을 안고 ☐ ㉠ ☐ 잠이 들었어요. 도깨비는 잠든 윤이를 보고 방긋 웃었어요.

"수리수리 마수리 얏!"

도깨비는 도깨비방망이를 **뚝딱** 두드렸어요. 15

이튿날 아침, 윤이는 **벌떡** 일어났어요.

"엄마, 안녕히 주무셨어요?"

"아빠, 신문 갖다 드릴까요?"

"오빠, 내가 사탕 줄까?"

"할아버지, 할머니. **이따** 안마해 드릴게요." 20

가족이 함께 있어 **더없이** 좋은 아침입니다.

● **한숨** 잠깐 동안의 휴식이나 잠.

● **뚝딱** 단단한 물건을 조금 가볍게 두드리는 소리.

● **벌떡** 눕거나 앉아 있다가 조금 큰 동작으로 갑자기 일 어나는 모양.

● **이따** 조금 지난 뒤에.

● **더없이** 더 바랄 것이 없이.

지문
독해

1 갈래

이 글에서 가족의 소중함을 깨달은 인물은 누구인지 쓰세요.

2 세부 내용

가족들에 대한 윤이의 설명을 찾아 선으로 이으세요.

(1) 엄마 •

(2) 아빠 •

(3) 오빠 •

• ㉮ 애들이 윤이에게 꼼짝 못하게 해 준다.

• ㉯ 윤이 가족을 위해 회사에서 열심히 일한다.

• ㉰ 윤이가 아프면 한숨도 안 자고 윤이 곁에 있어 준다.

3 어휘

㉠에 들어갈 다음 뜻을 나타내는 말은 무엇인가요? ( )

졸음이 슬며시 오는 모양.

① 번뜩   ② 휘릭   ③ 스르르
④ 말똥말똥   ⑤ 끔벅끔벅

4 적용

이 글이 주는 깨달음과 다른 행동을 한 친구는 누구인가요? ( )

① 언니에게 고운 말투로 말하는 정은
② 부모님의 심부름을 열심히 하는 채아
③ 자신의 장난감을 갖고 노는 동생을 혼내 준 영우
④ 멀리 떨어져 사시는 할아버지께 자주 전화를 드리는 재민
⑤ 부모님이 하신 말씀을 잔소리라고 생각하지 않고 잘 새겨듣는 진호

지문 분석

1 인물 성격   윤이의 행동을 보고 윤이의 성격으로 알맞은 것을 찾아 ○표 하세요.

윤이의 행동	윤이의 성격
가족들이 사라지자 자신의 실수를 후회하고 반성하였으며, 가족들이 다시 나타났을 때 가족들에게 잘하려고 노력함.	• 실수가 많고 변덕이 심함. ( ) • 자신의 잘못을 뉘우칠 줄 알고 반성할 줄 앎. ( )

2 주제   글쓴이가 이 글을 통해 말하고 싶은 것을 생각하며 빈칸에 들어갈 알맞은 말을 보기 에서 찾아 쓰세요.

보기

가족	소중	친구	다양

글쓴이가 말하고 싶은 것	❶ ☐☐은 정말 ❷ ☐☐해요!

❶(   )   ❷(   )

배경지식   「가족이 몽땅 사라졌어요」 전체 줄거리

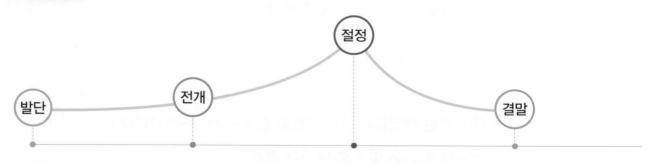

발단	전개	절정	결말
윤이는 도깨비를 구해 주고, 도깨비는 보답으로 윤이가 가장 먼저 비는 소원을 이루어 주겠다고 약속함.	집으로 돌아온 윤이는 가족들의 잔소리 때문에 화가 나서 가족들 모두 사라져 버렸으면 좋겠다고 말함.	윤이의 소원 때문에 진짜로 가족들이 사라져 버리자, 윤이는 울면서 도깨비에게 가족을 다시 돌려 달라고 말함.	윤이는 가족들의 고마움을 생각하며 잠들고, 다음날 다시 가족들이 나타나자 밝게 인사하며 도울 것이 없냐고 말함.

오늘의 어휘

다음 낱말의 알맞은 뜻을 찾아 선으로 이으세요.

한숨 •	• 조금 지난 뒤에.
이따 •	• 더 바랄 것이 없이.
안녕히 •	• 잠깐 동안의 휴식이나 잠.
열심히 •	• 어떤 일에 온 정성을 다하여.
더없이 •	• 몸이 건강하고 마음이 편안하게.

1 다음 빈칸에 들어갈 알맞은 말을 오늘의 어휘 에서 찾아 쓰세요.

- 짝이 ☐☐ 잠깐 이야기 좀 하자고 했다.

- 형이 시험 전날이라서 ☐☐☐ 공부하고 있다.

- 지난밤에 천둥 소리가 너무 커서 ☐☐도 자지 못했다.

- 출장을 가시는 아빠께 ☐☐☐ 다녀오시라고 인사했다.

- 오늘은 동생이 태어나서 우리 가족에게 ☐☐☐ 기쁜 날이다.

2 다음 밑줄 친 낱말과 뜻이 비슷한 말을 ( )에서 찾아 ○표 하세요.

창덕궁의 정원은 왕이 나랏일을 하다가 쉬고 싶을 때에 휴식을 하던 곳입니다. 300년이 넘는 큰 나무들과 연못 등이 어우러져 <u>매우</u> 아름답기 때문에 여러분도 꼭 한 번 가 보시길 바랍니다.

(이미, 더없이, 그다지)

글의 구조

발단 ─ 전개 ─ 절정 ─ 결말

글자 수

| 0 | 200 | 400 | 600 | 800 |

529

겨우 ❶ | 강무홍

동희는 교실에 들어서자마자 자기 자리부터 보았어요.

오늘도 동희 옆자리에는 ㉠조그만 여자아이가 얌전히 앉아 있었어요.

한송이, 바로 ㉡동희의 짝이에요.

"아…… 안녕?"

동희는 하아 웃으며 인사를 건넸지만, 동희 짝은 고개만 **까딱**했어요. 5

그래도 동희는 기분이 좋았어요.

'우리 반에서 내 짝이 제일 예뻐.'

혼자서 싱글벙글 웃으며 동희는 그렇게 생각했죠.

1학년이 되어 짝이 생긴 날, 동희는 가슴이 **벅찼어요.**

그래서 얼굴 가득 웃음을 **머금고,** '㉢내 짝한테 잘해 줘야지!' 하고 혼 10
자 생각했어요.

하지만 ㉣송이는 짝이 생긴 게 기쁘지도 않은가 봐요.

동희가 엄지손가락으로 ㉤자기를 가리키며 "난 동희야, 김동희!" 하고
인사했을 때도, 고개만 까딱할 뿐 이름도 가르쳐 주지 않았어요.

동희는 조금 속상했지만, 그래도 송이가 좋았어요. 15

"내가 지우개 빌려 줄까?"

오늘도 동희는 **일없이** 송이에게 말을 붙여 보았어요.

하지만 송이는 "아니." 하고 **새침하게** 대답했어요. 〈중략〉

동희는 조금 시무룩해졌어요.

왜 동희가 잘해 주려고 하는데도 송이는 자꾸 싫다고 하는 걸까요? 20

- **까딱** 고개 등을 아래위로 가볍게 한 번 움직이는 모양.
- **벅찼어요** (기쁘거나 희망에 차서) 가슴이 뿌듯했어요.
- **머금고** 생각이나 감정을 표정이나 태도에 조금 드러내고.
- **일없이** 아무런 까닭 없이.
- **새침하게** 일부러 쌀쌀맞게 구는 태도가 있게.

지문독해

중심 내용

1 동희와 송이의 관계에 맞게 빈칸에 들어갈 알맞은 말을 쓰세요.

> 동희는 자신의 ☐ 인 송이가 좋아서 잘해 주려고 하지만 송이는 마음
> 을 열지 않는다.

표현

2 ㉠~㉤ 중 가리키는 인물이 <u>다른</u> 하나는 무엇인가요? (   )

① ㉠   ② ㉡   ③ ㉢   ④ ㉣   ⑤ ㉤

세부 내용

3 이 글에서 동희가 속상한 마음을 느꼈을 때가 <u>아닌</u> 것을 찾아 ×표 하세요.

(1) 1학년이 되어 짝이 생겼을 때   (   )

(2) 송이가 "아니." 하고 새침하게 대답했을 때   (   )

(3) 송이가 고개만 까딱하고 이름도 가르쳐 주지 않았을 때   (   )

적용

4 동희와 비슷한 기분을 느낄 수 있는 상황으로 알맞은 것은 무엇인가요? (   )

① 가장 친한 친구와 다툰 뒤 화해하는 상황

② 새로운 학교에 전학을 가서 모든 것이 낯선 상황

③ 마트에서 우연히 같은 반 친구를 만나 인사하는 상황

④ 달리기 대회에서 1등을 해서 선생님께 칭찬을 듣는 상황

⑤ 옆집에 사는 친구와 함께 등교하고 싶은데 친구가 늘 먼저 가 버리는 상황

지문 분석

1 인물 특징 송이에 대한 설명으로 맞는 것에 ○표, 맞지 <u>않는</u> 것에 ×표 하세요.

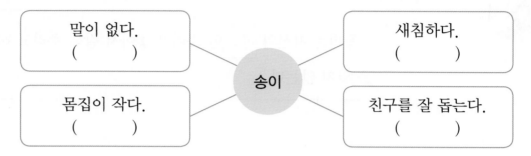

말이 없다.
(   )

새침하다.
(   )

송이

몸집이 작다.
(   )

친구를 잘 돕는다.
(   )

2 마음 변화 다음 상황에서 동희의 마음을 짐작하여 (   ) 안에 들어갈 알맞은 말을 찾아 ○표 하세요.

상황		동희의 마음
동희는 1학년이 되어 짝이 생김.	→	(낯설고, 즐겁고) 가슴이 벅찬 마음
동희가 인사를 해도 송이는 고개만 까딱할 뿐 이름도 가르쳐 주지 않음.	→	(무섭고, 속상하고) 서운한 마음

배경지식 친구와 관련된 속담을 알아볼까요?

친구는 가깝게 오래 사귄 사람을 말하며, 사람 사이에 매우 중요한 관계예요. 그래서 친구와 관련된 속담이 정말 많아요.

'가재는 게 편'이라는 속담도 친구와 관련된 속담입니다. 가재와 게처럼 모습이나 상황이 비슷한 친구끼리 서로 돕거나 편을 들어줄 때 쓰는 말입니다. 또 '바늘 가는 데 실 간다'라는 속담은 바느질을 하려면 반드시 바늘과 실이 필요하듯이, 서로 떨어지지 않고 꼭 붙어다니는 가까운 사이를 말합니다.

무엇이든지 함께하고 싶고, 언제나 같은 편이 되어 주고 싶은 것이 친구 사이입니다. 그렇지만 단지 나와 친하다는 이유로 무조건 친구의 편을 들거나 친구의 의견에 따르는 것은 올바른 태도가 아니랍니다.

다음 낱말의 알맞은 뜻을 찾아 선으로 이으세요.

얌전히 •   • 아무런 까닭 없이.

머금고 •   • 일부러 쌀쌀맞게 구는 태도가 있게.

일없이 •   • 성질이 온순하고 행동을 조용하고 침착하게.

새침하게 •   • 생각이나 감정을 표정이나 태도에 조금 드러내고.

속상했지만 •   • 화가 나거나 걱정이 되어 마음이 불편하고 우울했지만.

1 다음 빈칸에 들어갈 알맞은 말을 (오늘의 어휘)에서 찾아 쓰세요.

- 영화는 웃지도 않고 ☐☐☐☐ 말했다.
- 우리는 아까운 시간만 ☐☐☐ 흘려보냈다.
- 현수는 소풍을 가지 못해 ☐☐☐☐☐ 꾹 참기로 했다.
- 이모는 귀여운 조카를 바라보며 얼굴에 미소를 ☐☐ 있었다.
- 선생님께서는 교실에서 돌아다니지 말고 ☐☐☐ 있으라고 하셨다.

2 다음 밑줄 친 낱말과 뜻이 반대인 말을 ( )에서 찾아 ○표 하세요.

박물관이나 미술관에서는 시끄럽게 떠들거나 <u>거칠게</u> 장난을 쳐서는 안 됩니다. 사람들이 편안히 작품을 감상할 수 있도록 서로 배려하며 전시 관람 예절을 잘 지켜야 합니다.

(크게, 얌전히, 사납게)

겨우 ❷ | 강무홍

동희는 집에서도 짝 얘기만 했어요.

엄마는 은근히 샘이 났는지 짓궂게 물었어요. 〈중략〉

"말해 봐, 엄마보다 더 예쁘냐구, 응?"

"어휴, 몰라! 엄마랑 얘기 안 해."

[가] 하고 소리를 지르자, 엄마가 등을 탁 때렸어요.

"**배신자**! 전에는 엄마가 세상에서 제일 예쁘다더니, **그새** 마음이 바뀌냐, 키워 준 **은혜**도 모르고!"   5

"아휴우우우……."

동희는 **한숨**이 **절로** 나왔어요. 엄마한테 괜히 얘기를 꺼냈다가 이상한 소리만 들었잖아요.   10

그런데 도대체 어떻게 하면 송이랑 친해질 수 있을까요?

동희는 사이좋게 지내고 싶은데, 송이한테 막 잘해 주고 싶은데…….

'혹시 나를 싫어하나?'

아냐, 아냐!

동희는 세차게 고개를 저었어요.   15

'그래도 딴 애들한테는 인사도 안 하지만, 나한테는 고개도 까딱하잖아? 그리고, 그리고……. 아, 모르겠다.' 〈중략〉

며칠 뒤 급식 시간이었어요.

"자, 하나도 남기면 안 돼요, 알겠죠?"

선생님 말씀이 끝나기가 무섭게 동희는 [㉠] 먹기 시작했어요.   20

동희가 좋아하는 감자튀김이 나왔거든요.

"송이는 왜 안 먹고 있니? 남기지 말고 다 먹어야지."

선생님 말씀에, 그제야 동희는 고개를 돌려 송이를 보았어요.

㉡송이가 얼굴을 찡그리고 있었어요.

- **배신자** 믿음이나 의리를 저버린 사람.

- **그새** 어느 틈에. 금방. '그사이'의 준말.

- **은혜**(恩 은혜 은, 惠 은혜 혜) 남에게 베푸는 매우 고마운 일.

- **한숨** 걱정이 있거나 가슴이 답답하여 길게 내쉬는 숨.

- **절로** 남의 힘을 빌리지 않고 제 스스로. '저절로'의 준말.

지문
독해

중심 내용

1 **동희의 가장 큰 고민은 무엇인지 찾아 ○표 하세요.**

(1) 어떻게 하면 엄마의 마음이 풀릴까?   (   )

(2) 어떻게 하면 송이랑 친해질 수 있을까?   (   )

(3) 어떻게 하면 송이가 다른 친구들과 잘 지낼 수 있을까?   (   )

세부 내용

2 **가** 에서 엄마는 동희를 무엇이라고 불렀는지 쓰세요.

☐ ☐ ☐

어휘

3 **㉠에 들어갈 말로 가장 알맞은 것은 무엇인가요? (   )**

① 꼬르륵   ② 후루룩

③ 보글보글   ④ 깨지락깨지락

⑤ 아구아구 쩝쩝

추론

4 **㉡에서 송이의 마음으로 가장 알맞은 것은 무엇인가요? (   )**

① 선생님께 죄송한 마음

② 감자튀김을 더 많이 먹고 싶은 마음

③ 동희가 자신을 쳐다봐서 부끄러운 마음

④ 감자튀김을 잘 먹는 동희가 부러운 마음

⑤ 감자튀김을 먹기 싫은데 선생님이 남기지 말라고 해서 곤란한 마음

지문 분석

1 사건 전개 일이 일어난 장소를 생각하며 빈칸에 들어갈 알맞은 말을 보기 에서 찾아 쓰세요.

보기

| 절 | 집 | 학교 | 식당 |

일이 일어난 장소	일어난 일
동희 **❶**☐	동희가 송이 이야기를 꺼냈다가 엄마에게 배신자라는 말을 들음.
❷☐☐	동희가 좋아하는 감자튀김이 나왔는데, 송이는 감자튀김을 먹지 않고 얼굴을 찡그리고 있었음.

❶(   )   ❷(   )

2 인물 성격 송이의 행동을 보고 송이의 성격을 알맞게 짐작한 것을 찾아 ○표 하세요.

송이의 행동	송이의 성격
다른 애들한테는 인사도 잘 하지 않고 짝인 동희에게는 고개만 까딱함.	• 친구들을 무시하고 자신이 특별하다고 생각함. ( ) • 친구들과 쉽게 친해지지 않고 잘 어울리지 못함. ( )

배경지식 우리 몸에 좋은 음식은 어떤 것이 있을까요?

건강하고 튼튼하게 자라려면 몸에 좋은 음식을 잘 먹어야 해요. 어떤 음식이 몸에 좋고, 몸에 해로운지 알아볼까요?

채소는 우리 몸에 필요한 성분이 많이 있어요.

우유는 뼈와 이를 튼튼하게 하는 칼슘이 많아요.

콩에는 피와 살을 만들어 주는 단백질이 많아요.

좋은 음식 / 해로운 음식

콜라는 뼈를 약하게 만들어요.

햄버거를 너무 많이 먹으면 비만이 돼요.

라면은 기름기가 너무 많고 소화가 잘 안 돼요.

오늘의 어휘

다음 낱말의 알맞은 뜻을 찾아 선으로 이으세요.

말씀 •

은혜 •

괜히 •

급식 •

배신자 •

• 아무 까닭 없이. 쓸데없이.

• 남의 말을 높여 이르는 말.

• 믿음이나 의리를 저버린 사람.

• 남에게 베푸는 매우 고마운 일.

• 학교나 회사 같은 곳에서 식사를 주는 것.

1 다음 빈칸에 들어갈 알맞은 말을 오늘의 어휘 에서 찾아 쓰세요.

- 우리 학교 □□ 은 정말 맛있기로 소문이 나 있다.

- "우리 손주 최고!"라고 할아버지께서 □□ 하셨다.

- 혜수는 친구와 싸우고 □□□ 라는 소리를 들었다.

- 우리를 키워 주시는 부모님의 □□ 에 감사하는 마음을 갖자.

- 일요일에는 학교도 안 가는데 □□ 일찍 잠에서 깨곤 한다.

2 다음 밑줄 친 낱말과 뜻이 비슷한 말을 ( )에서 찾아 ○표 하세요.

잘못한 것이 있으면 누가 뭐라고 하지 않아도 마음이 조마조마합니다. 물건을 훔친 도둑이 잡힐까 봐 쓸데없이 안절부절못하는 것처럼 말이에요. 그래서 '도둑이 제 발 저리다'와 같은 속담도 생겨난 것입니다.

(괜히, 일부러, 충분히)

겨우 ❸ | 강무홍

"나, 이거 못 먹어……."

동희는 눈이 **휘둥그레졌어요**.

'뭐, 감자튀김을 못 먹어? 내가 제일 좋아하는 감자튀김을?'

동희는 입을 하아 벌리고,

"걱정 마!"   5

하고 **큰소리**를 쳤어요.

그러고는 선생님 몰래 송이가 남긴 것을 싸악 먹어 치웠어요. 〈중략〉

동희는 어깨가 **으쓱했어요**. 하지만 선생님한테 '내가 다 먹어 준 거예요.' 하고 자랑하진 않았답니다.

대신 처음으로 송이랑 같이 교문까지 걸어갔어요.   10

"아, 안녕! 난 이쪽으로 가야 돼."

교문 앞에서 동희가 축구 골대 쪽을 가리키며 손을 흔들자, 송이가 "김 동희." 하고 불렀어요.

그러더니 조그만 소리로

"고마워. 잘 가."   15

하고 말하지 않겠어요?

동희는 자기 귀를 믿을 수가 없었어요.

㉠동희는 얼굴이 새빨개진 채 하아 웃으며, 다시 손을 흔들었어요. 그러고는 휘익 돌아서서 마구 뛰어갔어요.

'고맙다고? **겨우** 고까짓 걸 가지고?'   20

그렇게 생각하니, 동희는 자기도 모르게 하하하 웃음이 나왔어요.

'뭐야, 이렇게 쉽게 친해질 줄 알았으면 괜히 **고민**했잖아.' 하는 웃음이!

- **휘둥그레졌어요** 놀라서 눈이 크고 동그랗게 되었어요.

- **큰소리** 자신 있게 장담하는 말.

- **으쓱했어요** 어깨를 들먹이며 우쭐해했어요.

- **대신** 뒤에 나오는 내용이 앞말이 나타내는 내용과 다르거나 반대임을 나타내는 말.

- **겨우** 기껏해야 고작.

- **고민** 마음속으로 괴로워하고 애를 태움.

지문
독해

갈래

1 이 글에 대해 바르게 말한 것은 무엇인가요? ( )

① 중심 글감은 '교문'이다.

② 동희가 겪은 일을 쓴 일기 글이다.

③ 동희가 송이에게 하고 싶은 말을 전하는 글이다.

④ 올바른 친구 관계에 대한 생각이 드러나 있는 글이다.

⑤ 동희와 송이 사이에 생긴 일을 중심으로 이야기가 펼쳐진다.

세부 내용

2 동희와 송이는 어떤 일을 통해 친해질 수 있었는지 찾아 ○표 하세요.

(1) 동희가 송이에게 고맙다고 말한 일 ( )

(2) 동희와 송이가 교문까지 함께 걸어간 일 ( )

(3) 동희가 송이의 감자튀김을 대신 먹어 준 일 ( )

세부 내용

3 ㉠에서 동희의 얼굴이 새빨개진 까닭은 무엇인가요? ( )

① 감자튀김을 다 먹은 것이 뿌듯해서

② 송이에게 할 인사말이 떠오르지 않아서

③ 감자튀김을 싫어하는 송이한테 너무 화가 나서

④ 송이의 감자튀김까지 다 먹은 자신의 행동이 부끄러워져서

⑤ 친해지고 싶었던 송이에게 고맙다는 말을 듣자 기쁘면서도 부끄러워져서

감상

4 이 글을 읽고 생각한 점을 알맞게 말한 친구는 누구인지 쓰세요.

> 정수: 동희랑 송이는 앞으로 점점 더 어색해질 것 같아.
>
> 라희: 송이도 그동안 동희와 친하게 지내고 싶었는데 용기를 내지 못했다가 이번 일을 계기로 용기를 낸 것 같아.
>
> 지민: 동희는 송이가 별일도 아닌 일에 고맙다고 했을 때 그동안 송이와 친해지기 위해 했던 노력들이 허무하게 느껴졌을 것 같아.

( )

지문 분석

1 인물 마음

다음 상황에서 송이와 동희의 마음을 짐작하여 (　　) 안에 들어갈 알맞은 말을 찾아 ○표 하세요.

상황	송이의 마음
동희가 선생님 몰래 송이의 감자튀김을 먹어 주었을 때 →	(고마운, 황당한) 마음

상황	동희의 마음
송이가 동희에게 "고마워, 잘 가." 라고 말해 주었을 때 →	(부럽고, 부끄럽고) 기쁜 마음

2 주제

이 글의 주제를 생각하며 빈칸에 들어갈 알맞은 말을 보기 에서 찾아 쓰세요.

보기

친구　　　동물　　　보답　　　도움　　　선물

　　새로운 ❶[　　]와/과 친해지는 것은 어렵지 않습니다. 친구의 마음을 잘 살펴 주고, 친구가 필요로 할 때 ❷[　　]을 주고 친구의 마음이 열리기를 기다리면 됩니다.

❶(　　　　　　)　❷(　　　　　　)

배경지식 「겨우」 전체 줄거리

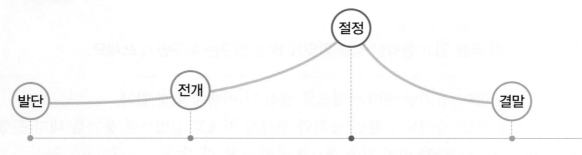

발단
동희는 짝 송이와 친해지고 싶은데 송이는 동희에게 인사도 제대로 하지 않고 새침하기만 해서 조금 속상함.

전개
동희는 급식 시간에 자신이 좋아하는 감자튀김을 먹지 않고 얼굴을 찡그리고 있는 송이를 보게 됨.

절정
동희는 감자튀김을 못 먹는다는 송이의 말에 송이의 감자튀김을 선생님 몰래 다 먹어 줌.

결말
송이가 동희에게 고맙다고 말하자 동희는 이렇게 쉽게 송이와 친해질 것을 괜히 고민했다고 웃음.

오늘의 어휘

다음 낱말의 알맞은 뜻을 찾아 선으로 이으세요.

대신 •   • 기껏해야 고작.

마구 •   • 자신 있게 장담하는 말.

겨우 •   • 몹시 세차게. 또는 아주 심하게.

고민 •   • 마음속으로 괴로워하고 애를 태움.

큰소리 •   • 뒤에 나오는 내용이 앞말이 나타내는 내용과 다르거나 반대임을 나타내는 말.

1 다음 빈칸에 들어갈 알맞은 말을 오늘의 어휘 에서 찾아 쓰세요.

- 영주는 선생님께 ☐☐ 을 털어놓았다.

- 갑자기 하늘에서 소나기가 ☐☐ 쏟아졌다.

- 정말 배가 고팠는데 빵은 ☐☐ 하나뿐이었다.

- 나는 학원을 안 가는 ☐☐ 공부를 열심히 하기로 했다.

- 동생은 달리기에서 1등을 할 수 있다고 ☐☐☐ 를 쳤다.

2 다음 밑줄 친 낱말과 뜻이 비슷한 말을 ( )에서 찾아 ○표 하세요.

누나랑 나는 어버이날 부모님께 드릴 선물을 사기 위해 돈을 모으기로 했습니다. 나는 꽃을, 누나는 케이크를 선물로 사서 드리기로 했습니다. 그런데 우리가 모아 둔 돈은 고작 3,000원이었습니다.

(잔뜩, 맘껏, 겨우)

개굴개굴 청개구리 ❶ | 전래 동화

숲속 연못 마을에 청개구리네가 살았습니다. 청개구리네 옆집에는 **맹꽁이**네가 살았고, 맹꽁이네 옆집에는 두꺼비네가 살았어요.

맹꽁맹꽁 맹꽁이네와 두껍두껍 두꺼비네는 식구가 **바글바글** 많았어요. 하지만 개굴개굴 청개구리네는 엄마 청개구리, 아들 청개구리 둘뿐이었어요.

"청개구리야, 밥 먹자."

아들 청개구리는 고개를 마구 흔들었어요.

"조금 전에 먹겠다고 하지 않았니?"

"아냐, 지금은 먹기 싫어졌어!"

"그럼, 밖에 나가서 놀다 오겠니?"

엄마 청개구리는 다시 물었습니다.

"아니! 밖에서 노는 건 싫어. 공부가 더 좋아."

"그럼, 공부를 하렴."

엄마 청개구리는 책을 꺼내 주었습니다.

"싫어! 공부보다 밖에 나가 노는 게 **훨씬** 좋아."

아들 청개구리는 엄마 말이라면 모두 **반대**로만 했어요.

아들 청개구리는 팔짝팔짝 밖으로 나갔습니다.

"풀이 **우거진** 물가에는 가지 말아라."

엄마 청개구리가 조용히 **타일렀어요**.

"싫어, 물가에서 노는 게 더 재미있어."

"뱀에게 물리면 큰일 나. 제발 말 좀 들으렴."

글의 구조

발단 ─ 전개 ─ 절정 ─ 결말

글자 수

494

0 200 400 600 800

- **맹꽁이** 개구리와 비슷하게 생겼으나 개구리보다 더 크고 장마철에 '맹꽁맹꽁' 하고 우는 동물.

- **바글바글** 작은 벌레나 짐승 또는 사람 등이 한곳에 많이 모여 자꾸 움직이는 모양.

- **훨씬** 무엇과 비교해서 차이가 많이 나게.

- **반대(反** 돌이킬 반, **對** 대할 대) 어떤 행동, 생각, 의견 등에 따르지 않고 맞서 거스름.

- **우거진** 풀, 나무 등이 자라서 무성해진.

- **타일렀어요** 잘못을 깨닫게 이치를 밝혀 말해 주었어요.

지문 독해

1 갈래

이 글의 주인공은 누구인지 쓰세요.

□□ □□□□

2 세부 내용

이 글의 내용으로 알맞지 <u>않은</u> 것은 무엇인가요? (   )

① 맹꽁이네 옆집에는 두꺼비네가 살고 있다.

② 아들 청개구리는 공부하는 것을 좋아한다.

③ 청개구리네 옆집에는 맹꽁이네가 살고 있다.

④ 청개구리네는 숲속 연못 마을에서 살고 있다.

⑤ 아들 청개구리는 엄마 청개구리와 단둘이 살고 있다.

3 세부 내용

엄마 청개구리가 아들 청개구리에게 풀이 우거진 물가에 가지 말라고 한 까닭을 찾아 ○표 하세요.

⑴ 아들 청개구리가 물을 싫어해서 (   )

⑵ 아들 청개구리가 말을 듣지 않아 괘씸해서 (   )

⑶ 아들 청개구리가 뱀에게 물릴까 봐 걱정되어서 (   )

4 추론

아들 청개구리의 행동을 본 엄마 청개구리의 마음으로 알맞은 것을 두 가지 고르세요. (,   )

① 즐겁다.   ② 지루하다.

③ 속상하다.   ④ 안타깝다.

⑤ 자랑스럽다.

지문 분석

1 인물 특징

이 글에 나오는 인물의 특징을 생각하며 빈칸에 들어갈 알맞은 말을 보기 에서 찾아 쓰세요.

> **보기**
>
> 걱정   반대   칭찬   찬성

엄마 청개구리	아들 청개구리
아들 청개구리에게 화를 내지 않고 아들 청개구리를 ❶ ▢▢ 함.	엄마의 말에 모두 ❷ ▢▢ 로 행동하고 말을 듣지 않음.

❶(   )   ❷(   )

2 인물 성격

엄마 청개구리의 말에 아들 청개구리가 주로 대답하는 말을 보고 아들 청개구리의 성격으로 알맞은 것을 찾아 ○표 하세요.

아들 청개구리가 대답하는 말	싫어요, 아니요

↓

아들 청개구리의 성격	
• 엄마에게 모든 것을 의지하는 소심한 성격	( )
• 엄마의 말이라면 무조건 싫다고 하는 *부정적인 성격	( )

*부정적인: 그렇지 않다고 단정하거나 옳지 않다고 반대하는.

배경지식 개구리와 관련된 속담을 알아볼까요?

개구리는 우리에게 친근하고 흔히 볼 수 있는 동물이기 때문에 속담뿐만 아니라 옛이야기에서도 자주 등장합니다. 개구리와 관련된 속담을 알아볼까요?

- 개구리 올챙이 적 생각을 못 한다: 형편이나 사정이 전에 비하여 나아진 사람이 지난날의 어렵던 때를 생각하지 않고 처음부터 잘난 듯이 뽐낼 때 쓰는 말이에요.
- 우물 안 개구리: 보고 아는 것이 적어 자기만 잘난 줄로 아는 사람을 가리키는 말이랍니다.

오늘의 어휘

다음 낱말의 알맞은 뜻을 찾아 선으로 이으세요.

반대 •

훨씬 •

우거진 •

바글바글 •

타일렀어요 •

• 풀, 나무 등이 자라서 무성해진.

• 무엇과 비교해서 차이가 많이 나게.

• 잘못을 깨닫게 이치를 밝혀 말해 주었어요.

• 어떤 행동, 생각, 의견 등에 따르지 않고 맞서 거스름.

• 작은 벌레나 짐승 또는 사람 등이 한곳에 많이 모여 자꾸 움직이는 모양.

1 다음 빈칸에 들어갈 알맞은 말을 오늘의 어휘 에서 찾아 쓰세요.

• 잡초가 ☐☐☐ 곳은 걷기 힘들다.

• 가방에서 책을 꺼내니 ☐☐ 가벼워졌다.

• 아빠가 형을 조용히 ☐☐☐☐☐.

• 개울에 올챙이들이 ☐☐☐☐ 모여 있다.

• 동생은 할머니 말씀을 듣지 않고 ☐☐로만 행동했다.

2 다음 밑줄 친 낱말과 뜻이 비슷한 말을 ( )에서 찾아 ○표 하세요.

산사태는 산에 있는 흙이 갑자기 무너져 내리는 것을 말해요. 그런데 나무가 울창한 산은 산사태가 날 위험이 적어요. 비가 내리면 많은 양의 물이 흙 속으로 들어가는데, 이때 땅속 깊숙이 내린 나무뿌리들이 흙이 움직이지 않도록 잡아 주는 손 역할을 해서 흙이 흘러내리는 것을 막아 주기 때문이에요.

(드문, 부족한, 우거진)

개굴개굴 청개구리 ❷ | 전래 동화

글의 구조

발단 - 전개 - 절정 - 결말

글자 수

| 0 | 200 | 400 | 600 | 800 |
499

아들 청개구리는 친구들을 불렀어요. 그러고는 **곧장** 풀이 우거진 물가로 뛰어갔어요.

"오, ㉠통통한 먹이가 제 발로 걸어오는군."

풀숲에 숨어 있던 뱀이 아들 청개구리에게 다가갔어요.

"아, 안 돼!"   5

아들이 걱정되어 몰래 뒤쫓아 간 엄마 청개구리는 아들을 **덮치려는** 뱀을 보고 소리쳤습니다.

"앗! 아들아, 어서 달아나렴!"

엄마 청개구리는 돌멩이를 주워 뱀을 향해 힘껏 던졌어요.

"아얏!"   10

뱀은 화가 나서 꼬리로 엄마 청개구리를 **후려쳤습니다**.

엄마 청개구리 **덕분**에 아들은 아무 데도 다치지 않았어요. 하지만 엄마 청개구리는 크게 다쳤어요.

집으로 돌아온 엄마 청개구리는 끙끙 **앓았습니다**.

"엄마, 빨리 나아. 어서 일어나란 말이야."   15

아들 청개구리는 눈물을 **글썽거렸습니다**. 그리고 밤새 엄마 곁을 떠나지 않았어요.

이튿날, 청개구리 의사 선생님이 찾아왔습니다.

"이 일을 어쩌나? 병이 낫기는 힘들겠는걸."

"엄마, 죽으면 안 돼. 개굴개굴! 이제 [㉡]."   20

아들 청개구리는 **흐느끼며** 말했습니다.

- **곧장** 옆길로 빠지지 않고 곧바로.
- **덮치려는** 갑자기 달려들어 잡아 누르려는.
- **후려쳤습니다** 주먹이나 채찍 등을 휘둘러 힘껏 때리거나 쳤습니다.
- **덕분** 베풀어 준 은혜나 도움.
- **앓았습니다** 병에 걸려 고통을 겪었습니다.
- **글썽거렸습니다** 눈에 눈물이 자꾸 넘칠 듯이 그득하게 고였습니다.
- **흐느끼며** 몹시 서러워 흑흑 소리를 내며 울며.

지문 독해

1 갈래

이 글에서 일이 일어난 곳을 차례대로 쓸 때 (   ) 안에 들어갈 알맞은 말을 쓰세요.

풀이 우거진 (   ) → 청개구리네 집

2 표현

㉠이 가리키는 인물로 알맞은 것은 무엇인가요? (   )

① 뱀
② 친구들
③ 아들 청개구리
④ 엄마 청개구리
⑤ 청개구리 의사 선생님

3 세부 내용

엄마 청개구리가 아들 청개구리를 구하기 위해 한 행동을 두 가지 고르세요.

(,   )

① 뱀의 꼬리를 후려쳤다.
② 풀숲에 몰래 숨어 있었다.
③ 뱀을 향해 돌멩이를 던졌다.
④ 청개구리 의사 선생님을 집으로 불렀다.
⑤ 아들 청개구리에게 어서 달아나라고 소리쳤다.

4 추론

㉡에 들어갈 알맞은 말을 찾아 기호를 쓰세요.

㉮ 엄마 말 잘 들을게.
㉯ 청개구리 의사 선생님을 불러올게.
㉰ 절대로 친구들과 함께 놀지 않을게.

(   )

지문 분석

1 사건 전개   일이 일어난 까닭을 생각하며 빈칸에 들어갈 알맞은 말을 보기 에서 찾아 쓰세요.

> 보기
>
> 숲속   물가   머리   몸통   꼬리

일이 일어난 까닭	일어난 일
아들 청개구리가 엄마 청개구리의 말을 듣지 않고 ❶ ⬜⬜에 나가서 놀다가 뱀을 만남.	아들 청개구리를 구하려던 엄마 청개구리가 뱀의 ❷ ⬜⬜에 맞아 크게 다침.

❶(   )   ❷(   )

2 인물 마음   엄마 청개구리와 아들 청개구리의 마음을 찾아 선으로 이으세요.

엄마 청개구리	아들 청개구리를 몰래 뒤쫓아 감.	·

아들 청개구리	엄마 청개구리가 자신을 구하려다 크게 다친 것을 봄.	·

· 불안하고 걱정됨.

· 미안하고 후회됨.

배경지식   **개구리는 왜 비 오는 날 크게 울까요?**

우리가 흔히 듣는 개구리 울음소리는 수컷이 암컷을 부르는 소리입니다. 개구리는 울음주머니를 부풀려 우는데, 개구리의 종류에 따라 울음주머니 모양이나 개수가 달라서 우는 소리도 다릅니다.

청개구리류는 우리나라에 사는 개구리 중에서 크기는 작지만 울음소리가 가장 큽니다. 개구리는 축축한 환경을 좋아하기 때문에 비가 오는 중이나 비가 온 후에 짝짓기 활동을 많이 합니다. 그래서 비가 오는 날 개구리의 불음소리가 더 크게 들리는 것입니다.

오늘의 어휘

다음 낱말의 알맞은 뜻을 찾아 선으로 이으세요.

곧장 •   • 있는 힘을 다하여.

밤새 •   • 밤이 지나는 동안.

힘껏 •   • 베풀어 준 은혜나 도움.

덕분 •   • 옆길로 빠지지 않고 곧바로.

앓았습니다 •   • 병에 걸려 고통을 겪었습니다.

1 다음 빈칸에 들어갈 알맞은 말을 오늘의 어휘 에서 찾아 쓰세요.

- ☐☐ 비가 내렸는지 땅이 축축했다.

- 몸살에 걸린 동생이 끙끙 ☐☐☐☐☐.

- 씨름 선수가 상대 선수를 ☐☐ 둘러쳐서 이겼다.

- 엄마께서는 학교 끝나면 ☐☐ 집으로 오라고 하셨다.

- 선생님께서 도와주신 ☐☐ 에 어려운 수학 문제를 풀 수 있었다.

2 다음 밑줄 친 낱말과 뜻이 비슷한 말을 (   )에서 찾아 ○표 하세요.

5월 8일은 어버이날입니다. 부모님 <u>덕택</u>에 태어나고 잘 자랄 수 있음에 감사드리며, 웃어른을 공경한다는 뜻에서 '어버이날'로 부르기로 한 것입니다. 우리는 어버이날에 부모님께 카네이션을 달아 드리기도 합니다.

(덕분, 존경, 보답)

글의 구조

발단 - 전개 - 절정 - 결말

글자 수

0   200   400   589   600   800

개굴개굴 청개구리 ❸ | 전래 동화

엄마 청개구리는 누워서 생각에 잠겼어요.

'내가 죽은 뒤 산에 묻어 달라고 하면 개울가에 묻어 주겠지. 산에 묻히려면 개울가에 묻어 달라고 해야 할 거야.'

"아들아, 내가 죽거든 제발 **개울가**에 묻어 주렴."

엄마 청개구리는 곧 숨을 거두었습니다.   5

"개굴개굴, 엄마! 엄마! 개굴개굴!"

아들 청개구리는 엄마를 붙들고 슬프게 울었어요.

아들 청개구리는 엄마를 어디에 묻어야 할지 걱정스러웠어요.

"엄마가 개울가에 묻어 달라고 했는데……."

아들 청개구리는 고개를 **갸우뚱하며** 생각에 잠겼습니다.   10

"산에 묻어야 떠내려가지 않을 텐데, 어쩌지?"

아들 청개구리는 산과 개울을 번갈아 쳐다보았어요.

"엄마가 남긴 마지막 말이라도 그대로 따라야 해! 그래야 엄마도 하늘 나라에서 기뻐하실 거야."

아들 청개구리는 엄마를 개울가 바로 옆에 묻었어요.   15

"엄마 말을 잘 들었어야 했는데, 개굴개굴……."

부슬부슬 내리던 비가 **좍좍** 쏟아지기 시작했습니다.

아들 청개구리는 엄마 **무덤**가로 뛰어갔어요.

"개굴개굴! 어, 우리 엄마 무덤이 떠내려가겠네!"

요즘도 비만 내리면 아들 청개구리는 **목놓아** 운답니다.   20

"개굴개굴 개굴개굴……."

- **개울가** 골짜기나 들에 흐르는 작은 물줄기의 주변.
- **갸우뚱하며** (어떤 일이 자기가 생각했던 것과는 달라 의심스럽거나 놀라워서) 머리를 한쪽으로 기울이며.
- **부슬부슬** 눈이나 비가 조용히 성기게 내리는 모양.
- **좍좍** 비나 물 따위가 자꾸 쏟아지는 소리.
- **무덤** 죽은 사람을 땅에 묻은 곳.
- **요즘** 바로 얼마 전부터 이제까지의 동안.
- **목놓아** 참지 않고 크게 마구 소리 내어.

지문
독해

중심 내용

1 이 글의 다른 제목으로 알맞은 것을 찾아 ○표 하세요.

(1) 비가 내리는 까닭 ( )

(2) 비 오는 날의 모습 ( )

(3) 비가 오면 서럽게 우는 청개구리 ( )

세부 내용

2 엄마 청개구리가 자신을 개울가에 묻어 달라고 한 까닭은 무엇인가요?

( )

① 아들 청개구리가 개울가를 좋아해서

② 아들 청개구리가 자주 찾아올 것 같아서

③ 자신의 무덤이 떠내려갈까 봐 걱정되어서

④ 아들 청개구리의 고민을 해결해 주고 싶어서

⑤ 아들 청개구리에게 개울가에 묻어 달라고 하면 산에 묻을 것 같아서

어휘

3 아들 청개구리의 상황과 가장 잘 어울리는 속담을 찾아 기호를 쓰세요.

㉠ 티끌 모아 태산

㉡ 소 잃고 외양간 고친다

㉢ 개구리 올챙이 적 생각 못 한다

( )

적용

4 이 글이 주는 깨달음에 맞게 행동한 친구는 누구인지 쓰세요.

찬혁: 엄마가 감기에 걸려 아프셔서 내가 설거지를 했어.

지은: 휴대폰 게임이 하고 싶어서 무작정 엄마한테 떼를 썼어.

형우: 엄마가 배탈 난다고 아이스크림을 먹지 말라고 하셨는데 너무 더

워서 먹어 버렸어.

( )

지문 분석

1 사건 전개　일이 일어난 시간 순서에 맞게 보기 에서 기호를 찾아 차례대로 쓰세요.

> **보기**
> ㉮ 아들 청개구리는 엄마를 어디에 묻어야 할지 고민함.
> ㉯ 비가 내리자 아들 청개구리는 무덤이 떠내려갈까 봐 목놓아 욺.
> ㉰ 아들 청개구리는 엄마의 마지막 말을 그대로 따라야 한다고 생각해 엄마를 개울가에 묻음.
> ㉱ 엄마 청개구리가 아들 청개구리에게 자신이 죽으면 개울가에 묻어 달라고 부탁하고 숨을 거둠.

(　　　) ➜ ㉮ ➜ (　　　) ➜ (　　　)

2 주제　이야기의 주제를 생각하며 빈칸에 들어갈 알맞은 말을 보기 에서 찾아 쓰세요.

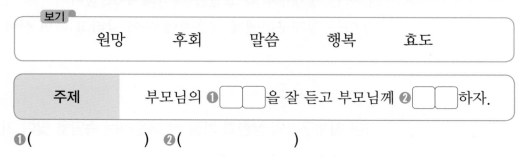

> **보기**
> 원망　　후회　　말씀　　행복　　효도

주제	부모님의 ❶ □□을 잘 듣고 부모님께 ❷ □□하자.

❶(　　　　　)　❷(　　　　　)

배경지식　「개굴개굴 청개구리」 전체 줄거리

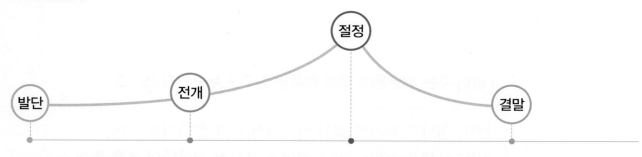

발단
엄마 말이라면 모두 반대로만 하는 아들 청개구리는 또 엄마의 말을 듣지 않고 물가로 친구들과 놀러감.

전개
아들 청개구리는 자신을 구하고 뱀의 공격을 받아 병에 걸린 엄마 청개구리를 보며 자신의 잘못을 뉘우침.

절정
엄마 청개구리는 모두 반대로만 하는 아들 청개구리에게 자신을 개울가에 묻어 달라는 부탁을 하고 죽음.

결말
아들 청개구리는 엄마의 말대로 개울가에 엄마를 묻고 비만 오면 엄마 무덤이 떠내려갈까 봐 슬프게 욺.

오늘의 어휘

다음 낱말의 알맞은 뜻을 찾아 선으로 이으세요.

무덤 •　　　　• 그것과 똑같이.

요즘 •　　　　• 죽은 사람을 땅에 묻은 곳.

번갈아 •　　　　• 참지 않고 크게 마구 소리 내어.

그대로 •　　　　• 하나씩 하나씩 차례를 바꾸어서.

목놓아 •　　　　• 바로 얼마 전부터 이제까지의 동안.

1 다음 빈칸에 들어갈 알맞은 말을 오늘의 어휘 에서 찾아 쓰세요.

- 형이랑 나는 ☐☐☐ 서 장바구니를 들었다.

- 할머니의 ☐☐ 옆에 들국화가 많이 피어 있었다.

- 동생이 자꾸 내 모든 행동을 ☐☐☐ 따라 했다.

- ☐☐☐ 울고 있는 아주머니를 사람들이 위로했다.

- 선생님께서는 ☐☐ 우리들이 무슨 책을 읽는지 궁금해하셨다.

2 다음 밑줄 친 낱말과 뜻이 비슷한 말을 ( )에서 찾아 ○표 하세요.

　경주는 신라의 역사가 <u>고스란히</u> 담긴 오래된 도시라는 뜻에서 '천년 고도'라고도 부릅니다. 이런 가치를 인정받아 경주 역사 유적 지구가 유네스코 세계 문화유산으로 지정되었습니다.

(그대로, 여전히, 계속해서)

호랑이보다 무서운 곶감 ❶ | 전래 동화

옛날 어느 깊은 산속에 호랑이 한 마리가 살았단다.

어느 날 밤, 호랑이는 몹시 배가 고파서 먹이를 찾아 마을로 어슬렁어슬렁 내려왔어. 그런데 저 멀리 불빛이 깜빡깜빡하는 거야.

호랑이는 불빛을 따라 그 집으로 다가갔어.

호랑이는 어슬렁어슬렁 집 마당으로 들어섰어. 송아지라도 잡아먹으려고 **외양간**으로 가는데, 마침 그 집의 아기가 잠에서 깨어 시끄럽게 우는 거야.

아기가 울자, 엄마가 아기를 **달래며** 말했어.

"저기 여우가 왔다. 그만 울어. 뚝!"

그래도 아기는 더 큰 소리로 울어 댔어.

"저기 호랑이가 왔다. 그만 울어. 뚝!"

그래도 아기는 **여전히** 시끄럽게 울었지.

아무리 달래도 울음을 그치지 않자, 엄마가 말했어.

"옜다, **곶감**이다! 그만 울어. 뚝!"

그제야 아기는 울음을 뚝 그쳤단다.

문밖에서 듣고 있던 호랑이는 깜짝 놀랐지.

'아니, **도대체** 곶감이 누구지?'

호랑이가 왔다고 해도 **마냥** 울기만 하던 아기가 곶감이라니까 당장 울음을 그치니 말이야.

호랑이는 곶감이 엄청 무서운 놈일 거라고 생각했지.

글의 구조
발단 — 전개 — 절정 — 결말

글자 수
503
0 200 400 600 800

5

10

15

20

- **외양간**(間 사이 간) 소나 말을 먹이고 기르는 곳.
- **달래며** 슬퍼하거나 고통스러워하는 사람을 타일러 기분을 가라앉히며.
- **여전히** 전과 같이.
- **곶감** 껍질을 벗겨 말린 감.
- **도대체** 아주 궁금하여 묻는 것인데.
- **마냥** 언제까지나 줄곧.

**지문
독해**

갈래

1 이 글에 대한 설명으로 바르지 <u>않은</u> 것은 무엇인가요? (   )

① 옛이야기이다.

② 호랑이가 주인공이다.

③ 내용이 쉽고 재미있다.

④ 실제로 일어난 일을 바탕으로 하여 쓴 이야기이다.

⑤ 아주 오랫동안 사람들 사이에서 전해져 내려온 이야기이다.

세부 내용

2 호랑이가 불빛을 따라 들어간 집에서 가장 먼저 가려고 한 곳은 어디인지 쓰세요.

세부 내용

3 아기의 울음을 그치게 한 엄마의 말을 찾아 기호를 쓰세요.

> ㉮ 옜다, 곶감이다! 그만 울어. 뚝!
> ㉯ 저기 여우가 왔다. 그만 울어. 뚝!
> ㉰ 저기 호랑이가 왔다. 그만 울어. 뚝!

(   )

추론

4 아기가 울음을 그친 까닭은 무엇인가요? (   )

① 다시 잠이 들었기 때문이다.

② 곶감을 가장 무서워하기 때문이다.

③ 맛있는 곶감을 먹고 있기 때문이다.

④ 엄마가 안아서 달래 주었기 때문이다.

⑤ 무서운 여우와 호랑이가 나타났기 때문이다.

지문 분석

1 사건 전개   호랑이가 곶감을 무서운 놈이라고 생각하게 된 과정을 생각하며 (   ) 안에 들어갈 알맞은 말을 찾아 ○표 하세요.

> 엄마가 우는 아기를 달래기 위해 (여우, 호랑이, 곶감)이/가 왔다고 했지만 아기는 울음을 그치지 않음.

> 아기는 (여우, 호랑이, 곶감)이/가 왔다는 말에도 여전히 시끄럽게 울기만 함.

> 엄마가 "(여우, 호랑이, 곶감)(이)다!"라고 하자 아기는 그제야 울음을 뚝 그침.

2 인물 성격   다음 호랑이의 생각을 보고 호랑이의 성격을 짐작해 선으로 이으세요.

호랑이의 생각
'곶감은 엄청 무서운 놈일 거야.'

· 어리석음.

· 마음씨가 착함.

배경지식   **옛날 아이들은 어떤 간식을 즐겨 먹었을까요?**

「호랑이보다 무서운 곶감」에 나오는 아이는 곶감을 준다는 말을 듣자마자 울음을 뚝 그칩니다. 그만큼 곶감은 옛날 아이들이 즐겨 먹고 좋아하던 간식이었어요. 곶감 말고도 옛날 아이들이 즐겨 먹던 간식에는 어떤 것이 있을까요?

옛날에는 약과, 강정, 엿 등을 간식으로 즐겨 먹었어요. 약과는 밀가루를 꿀과 기름 등으로 반죽해서 기름에 지진 과자예요. 그리고 강정은 찹쌀가루를 반죽해 기름에 튀긴 뒤에 고물을 묻힌 과자입니다. 또, 엿은 곡식이나 녹말에 엿기름을 넣어 달게 졸인 과자랍니다.

다음 낱말의 알맞은 뜻을 찾아 선으로 이으세요.

당장 •
• 언제까지나 줄곧.

마냥 •
• 아주 궁금하여 묻는 것인데.

도대체 •
• 소나 말을 먹이고 기르는 곳.

외양간 •
• 일이 일어난 바로 다음의 빠른 시간.

달래며 •
• 슬퍼하거나 고통스러워하는 사람을 타일러 기분을 가라앉히며.

1 다음 빈칸에 들어갈 알맞은 말을 오늘의 어휘 에서 찾아 쓰세요.

• 소 잃고 ☐☐☐ 고친다는 속담이 있다.

• 오지 않는 친구를 ☐☐ 기다릴 수는 없었다.

• 아빠께서 우는 동생을 ☐☐☐ 사탕을 주셨다.

• 엄마께서는 지각하겠다며 ☐☐ 출발하라고 하셨다.

• ☐☐☐ 성연이가 그렇게 서럽게 우는 까닭을 모르겠다.

2 다음 밑줄 친 말과 뜻이 비슷한 말을 (   )에서 찾아 ○표 하세요.

수진이의 가장 친한 친구는 지영이입니다. 지영이는 여섯 살 때 다른 동네
로 이사를 가서 수진이와 자주 보지 못합니다. 그때부터 수진이는 늘 지영이
가 다시 원래 살던 동네로 이사 오기를 기다리고 있습니다.

(마냥, 갑자기, 어쩌다)

호랑이보다 무서운 곶감 ❷ | 전래 동화

이때 마침 외양간에는 ㉠소도둑이 와 있었어.

소도둑은 깜깜해서 아무것도 보이지 않으니까 두 손을 휘휘 내저으며 소를 찾고 있었지. 그러다가 그만 호랑이 등을 **턱** 만지게 된 거야.

"옳지, ㉡이놈이 크구나. 어서 몰고 나가야지!"

소도둑은 호랑이가 황소인 줄 알고 등에 **훌쩍** 올라탔어.   5

호랑이는 ㉢누군가가 등에 훌쩍 올라타자 **소스라치게** 놀랐어.

'이크, ㉣이놈이 그 무서운 곶감인가 보다!'

호랑이는 등에 올라탄 곶감을 떼어 놓고 싶었어. 그래서 **온** 힘을 다해 마구 내달렸지.

호랑이는 마구 내달리고, 소도둑은 등에 **바싹** 붙고, 그 사이에 그만 날   10
이 **훤하게** 밝아 왔어.

그제야 소도둑은 ㉤자기가 커다란 호랑이 등에 타고 있다는 것을 알게 되었지.

소도둑은 숨이 턱 막힐 정도로 깜짝 놀라 어쩔 줄을 몰랐어.

얼른 호랑이 등에서 뛰어내리고 싶었지만, 호랑이가 어찌나 빠른지 도   15
무지 그럴 수가 없었어.

소도둑은 호랑이가 나무 밑을 지날 때 얼른 가지를 잡아 겨우 호랑이 등에서 내릴 수 있었지.

- **턱** 어깨나 손 등을 갑자기 세게 짚거나 붙잡는 모양.
- **훌쩍** 단숨에 가볍게 뛰거나 날아오르는 모양.
- **소스라치게** 깜짝 놀라 몸을 갑자기 떠는 듯이 움직이게.
- **온** 전부의.
- **바싹** 매우 가까이 달라붙거나 죄는 모양.
- **훤하게** 조금 흐릿하게 밝게.
- **그제야** 바로 그때에 이르러서야 비로소.

지문
독해

1 갈래

이 글에서 일이 일어난 시간을 차례대로 쓸 때 ( ) 안에 들어갈 알맞은 말을 쓰세요.

> 깜깜한 ( ) → 밝은 아침

2 세부 내용

호랑이가 마구 내달린 까닭으로 알맞은 것을 두 가지 고르세요. (,)

① 소도둑을 황소로 착각해서
② 소도둑을 곶감으로 착각해서
③ 소도둑을 몰고 나가고 싶어서
④ 소도둑이 자신의 등을 만져서
⑤ 등에 올라탄 것을 떼어 놓고 싶어서

3 표현

㉠~㉤ 중 가리키는 인물이 다른 하나는 무엇인가요? ( )

① ㉠   ② ㉡   ③ ㉢   ④ ㉣   ⑤ ㉤

4 적용

소도둑과 호랑이의 상황과 가장 비슷한 경험을 찾아 기호를 쓰세요.

> ㉮ 수업 시간에 옆자리 친구와 떠들어서 선생님께 심하게 꾸중을 들은 일
> ㉯ 친구와 함께 연극 무대를 준비하는데 서로 의견이 맞지 않아 심하게 다툰 일
> ㉰ 언니와 동생이 깜깜한 거실에서 마주쳤는데 서로 귀신으로 착각하고 깜짝 놀란 일

( )

지문 분석

1 마음 변화 다음 상황에서 소도둑의 마음을 짐작하여 (   ) 안에 들어갈 알맞은 말을 찾아 ○표 하세요.

상황		소도둑의 마음
소도둑이 호랑이가 황소인 줄 알고 등에 올라탐.	→	(즐거운, 두려운) 마음
날이 밝자 소도둑이 호랑이 등에 타고 있는 것을 알게 됨.	→	(기쁜, 무서운) 마음

2 사건 전개 일이 일어난 때를 생각하며 빈칸에 들어갈 알맞은 말을 보기 에서 찾아 쓰세요.

보기

밤   낮   아침   저녁

❶ [ ] 호랑이는 마구 내달리고 소도둑은 호랑이 등에 바싹 붙음.

↓

❷ [ ][ ] 호랑이가 나무 밑을 지날 때 소도둑은 얼른 가지를 잡아 호랑이 등에서 내림.

❶(   ) ❷(   )

배경지식 **옛이야기나 옛 그림에 호랑이가 자주 등장하는 까닭은 무엇일까요?**

▲ 「까치 호랑이」

「토끼와 호랑이」, 「해와 달이 된 오누이」처럼 우리나라 옛이야기에는 호랑이가 자주 나와요. 또, 호랑이를 그린 옛 그림도 매우 많지요. 이처럼 옛이야기나 옛 그림에 호랑이가 자주 등장하는 까닭은 산이 많은 우리나라의 독특한 자연환경과 관련이 깊어요.

우리나라에는 산이 많아서 호랑이가 많이 살았고, 호랑이에게 물려 죽는 사람도 많았어요. 자연스럽게 호랑이에 대한 두려움도 커져서 호랑이를 산신으로 믿기도 했어요.

그러나 옛이야기나 그림 속에서는 호랑이가 친근하고 어리석은 동물로 등장하기도 합니다. 「호랑이보다 무서운 곶감」에서 곶감을 두려워하는 어리석은 호랑이처럼 말이지요.

오늘의 어휘

다음 낱말의 알맞은 뜻을 찾아 선으로 이으세요.

온 •　　　• 전부의.

턱 •　　　• 시간을 끌지 않고 바로.

얼른 •　　　• 조금 흐릿하게 밝게.

훤하게 •　　　• 어깨나 손을 갑자기 세게 짚거나 붙잡는 모양.

소스라치게 •　　　• 깜짝 놀라 몸을 갑자기 떠는 듯이 움직이게.

1 다음 빈칸에 들어갈 알맞은 말을 ⟨오늘의 어휘⟩에서 찾아 쓰세요.

- 나는 친구의 어깨를 ☐ 잡았다.

- 어두워지기 전에 ☐☐ 집에 가기로 했다.

- 촛불을 켜 놓으니 방이 ☐☐☐ 밝아졌다.

- 경준이는 1등을 하기 위해 ☐ 힘을 다해 뛰었다.

- 천둥이 치자 동생이 ☐☐☐☐☐ 놀랐다.

2 다음 밑줄 친 말과 뜻이 비슷한 말을 (　　)에서 찾아 ○표 하세요.

20○○년 ○○월 ○○일　　　날씨: 맑음

　드디어 수영을 배우러 다니게 되었다. 수영을 잘하는 친구 지훈이가 부러워서 엄마께 끈질기게 부탁드렸기 때문이다. 열심히 배워서 <u>빨리</u> 수영 실력이 늘었으면 좋겠다.

(언제, 얼른, 천천히)

호랑이보다 무서운 곶감 ❸ | 전래 동화

호랑이는 숨을 헉헉 내쉬면서 **털썩** 주저앉았어.

그때 토끼 한 마리가 지나가다가 물었어.

"호랑이님, 왜 그렇게 숨을 헉헉 내쉬세요?"

"말도 마라! 내가 곶감한테 잡혀서 죽을 뻔했단다."

"네? 그럴 리가 있나요? 곶감이 어디에 있는데요?" 5

호랑이는 저쪽에 있는 커다란 나무를 가리켰어.

소도둑은 텅 빈 나무 구멍 속에 숨어 있었지.

그때 토끼가 깡충깡충 뛰어와 구멍 속을 들여다보며 말했어.

㉠"헤헤, 호랑이님. 여기에 있는 건 곶감이 아니라 사람이에요. 어서
와서 잡아먹으세요!" 10

토끼의 말에 호랑이는 슬금슬금 나무 쪽으로 다가왔어. 토끼는 엉덩이
로 나무 구멍을 꽉 막아 버렸어. 소도둑이 도망가지 못하도록 말이야.

'이제 꼼짝없이 죽었구나!'

소도둑은 너무 무서워서 오들오들 떨었어. 그때 마침 나무 구멍을 막
고 있는 토끼 엉덩이가 보이는 거야. 15

'옳지, 이렇게 하면 되겠다!'

소도둑은 젖 먹던 힘을 다해 토끼 꼬리를 **힘껏** 잡아당겼어.

"아~악!"

호랑이를 기다리던 토끼는 너무 아파서 그만 **비명**을 지르고 말았지.
어슬렁어슬렁 다가오던 호랑이는 토끼의 비명 소리를 듣고 깜짝 놀랐어. 20

㉡토끼의 비명 소리가 점점 더 커지자 겁이 난 호랑이는 눈 깜짝할 사
이에 깊은 산속으로 도망쳤지.

● **털썩** 갑자기 힘없이 주저앉
거나 쓰러지는 소리. 또는
그 모양.

● **주저앉았어** 서 있던 자리에
그대로 힘없이 앉았어.

● **힘껏** 있는 힘을 다하여.

● **비명**(悲 슬플 비, 鳴 울 명)
일이 매우 위급하거나 몹시
두려움을 느낄 때 지르는 외
마디 소리.

지문
독해

중심 내용

1 이 글에서 누가 무엇을 하였는지 선으로 이으세요.

(1) 토끼 •

(2) 호랑이 •

(3) 소도둑 •

• ㉮ 토끼 꼬리를 힘껏 잡아당김.

• ㉯ 깊은 산속으로 도망가 버림.

• ㉰ 엉덩이로 나무 구멍을 막아 버림.

세부 내용

2 소도둑이 숨어 있던 곳은 어디인가요? ( )

① 넓은 바다 ② 깊은 산속 ③ 커다란 동굴

④ 나무 구멍 속 ⑤ 나무로 지은 오두막

세부 내용

3 ㉠과 ㉡에서 호랑이의 마음 변화로 알맞은 것은 무엇인가요? ( )

① ㉠: 무서움. → ㉡: 놀라움. ② ㉠: 안심함. → ㉡: 미안함.

③ ㉠: 미안함. → ㉡: 무서움. ④ ㉠: 미안함. → ㉡: 재밌음.

⑤ ㉠: 안심함. → ㉡: 무서움.

감상

4 이 글을 읽고 생각이나 느낌을 바르게 말한 것을 찾아 ○표 하세요.

(1) 호랑이는 덩치만 크지 참으로 어리석어. ( )

(2) 호랑이는 소도둑을 해치지 않았으니 마음이 착한 게 분명해. ( )

(3) 소도둑이 토끼 꼬리를 잡아당긴 건 정말 어리석은 행동이었어. ( )

지문 분석

1 　사건 전개

일이 일어난 시간 순서에 맞게 보기 에서 기호를 찾아 차례대로 쓰세요.

> 보기
>
> ㉮ 소도둑이 토끼 꼬리를 힘껏 잡아당김.
> ㉯ 토끼가 아파서 비명을 지르자 호랑이가 깊은 산속으로 도망가 버림.
> ㉰ 토끼가 호랑이에게 나무 구멍에 숨어 있는 것은 사람이라고 말해 줌.
> ㉱ 토끼는 소도둑이 도망가지 못하도록 엉덩이로 나무 구멍을 막아 버림.

(　　　) ➡ (　　　) ➡ (　　　) ➡ ㉯

2 　주제

이 이야기의 중요한 내용을 보고 주제로 알맞은 것을 찾아 ○표 하세요.

이야기의 중요한 내용	호랑이는 곶감이 무엇인지도 모르면서 무서운 존재라고 생각하고, 소도둑을 곶감으로 착각해 멀리 도망가 버림.

⬇

주제	• 자신보다 약한 사람을 두려워하면 안 된다. 　　　(　　) • 잘 확인해 보지 않고 성급한 판단을 하면 어처구니없는 실수를 저지를 수 있다. 　　　(　　)

배경지식 「호랑이보다 무서운 곶감」 전체 줄거리

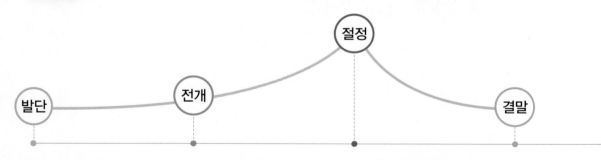

발단: 호랑이가 온다고 해도 울음을 그치지 않던 아기가 곶감 이야기에 울음을 그치자 호랑이는 곶감이 무서운 놈일 거라고 생각함.

전개: 소도둑은 호랑이를 황소로 착각하여 등에 올라타고, 호랑이는 소도둑을 곶감으로 착각하여 떼어 놓기 위해 내달림.

절정: 자신이 호랑에 등에 타고 있다는 것을 알게 된 소도둑은 나무 밑을 지날 때 호랑이 등에서 내려서 나무 구멍으로 숨음.

결말: 구멍 속에 사람이 있다는 말을 듣고 다가오던 호랑이는 토끼가 소도둑에게 꼬리를 잡혀 비명을 지르자 더 멀리 달아남.

오늘의 어휘

다음 낱말의 알맞은 뜻을 찾아 선으로 이으세요.

겁 •　•무서워하는 마음.

털썩 •　•춥거나 무서워서 몸을 심하게 떠는 모양.

비명 •　•갑자기 힘없이 주저앉거나 쓰러지는 소리.

오들오들 •　•다른 사람이 눈치채지 못하게 슬며시 움직이는 모양.

슬금슬금 •　•일이 매우 위급하거나 몹시 두려움을 느낄 때 지르는 외마디 소리.

1 다음 빈칸에 들어갈 알맞은 말을 오늘의 어휘 에서 찾아 쓰세요.

• 내 동생은 □ 이 많아서 잘 운다.

• 짝꿍이 내 곁으로 □□□□ 다가왔다.

• 정민이는 비를 맞고 □□□□ 몸을 떨기 시작했다.

• 우리 가족은 갑자기 불이 꺼지자 깜짝 놀라 □□ 을 질렀다.

• 나는 제일 친한 친구가 전학 간다는 소리를 듣고 □□ 주저앉았다.

2 다음 밑줄 친 낱말과 뜻이 반대인 말을 ( )에서 찾아 ○표 하세요.

'칭찬은 고래도 춤추게 한다.'라는 말이 있어요. 그만큼 칭찬하는 말을 들으면 더 열심히 노력하게 된다는 뜻이에요. 주변에 기운이 없거나 풀이 죽어 있는 친구를 보면, 칭찬을 해 주세요. 친구는 <u>용기</u>를 얻고 더욱 힘을 낼 수 있을 거예요.

(겁, 응원, 웃음)

사랑의 깡동바지 ❶ | 전래 동화

달래마을에는 부자인 아버지가 살았습니다. 아버지에게는 돈보다 훨씬 더 소중한 세 딸이 있었어요.

"나의 가장 큰 **재산**은 내 예쁜 딸들이지."

아버지는 **틈**만 나면 딸 자랑을 했습니다.

"우리 딸들이 나를 얼마나 사랑한다고!" 5

세 딸은 얼굴도 예쁘고 글도 잘 읽었습니다.

"아버지는 글을 잘 읽는 나를 가장 사랑하실 거야."

큰딸은 아버지를 위해서 글공부를 열심히 했어요.

"아버지는 예쁜 나를 가장 사랑하실걸."

작은딸은 아버지를 위해서 날마다 예쁘게 꾸몄지요. 10

"나는 언제나 아버지 **곁**에 있을래."

막내딸은 아버지 곁을 졸졸 따라다녔어요.

아버지는 세 딸을 볼 때마다 참 행복했습니다. 아버지는 세 딸을 무척 사랑하고 아꼈습니다. 예쁜 **노리개**와 **고운** 옷도 많이 사 주었지요.

"세상에 우리 딸들처럼 예쁘고 착한 딸들이 또 있을까?" 15

아버지는 허허 웃으며 자랑했습니다.

마침 집 앞을 지나가던 장사꾼이 아버지의 말을 들었어요.

"있고말고요. 나리마을 세 딸도 참 예쁘고 착하답니다."

장사꾼의 말에 아버지는 깜짝 놀라며 물었습니다.

"우리 딸들보다 더 예쁘고 착한가?" 20

"글쎄요. 누가 더 예쁘고 착할까요?"

달래마을 아버지는 나리마을 세 딸이 궁금했습니다.

글의 구조
발단 — 전개 — 절정 — 결말

글자 수
577
0   200   400   600   800

- **재산**(財 재물 재, 産 낳을 산) 소중한 것을 빗대어 이르는 말.
- **틈** 어떤 행동을 할 만한 기회.
- **곁** 어떤 대상의 옆.
- **노리개** 여자들이 한복 저고리 고름이나 치마허리에 멋으로 차는 물건.
- **고운** 모습이나 색깔 같은 것이 예쁘고 보기 좋은.
- **마침** 어떤 경우나 기회에 알맞게.

1 달래마을 아버지에게 가장 소중한 것은 무엇인지 찾아 기호를 쓰세요.

> ㉮ 돈 　　　 ㉯ 재산 　　　 ㉰ 세 딸

(　　　　　　　　　　　　　　　　　　)

세부 내용

2 달래마을 아버지의 세 딸에 대한 마음을 알 수 있는 말이나 행동이 <u>아닌</u> 것은 무엇인가요? (　　)

① 아버지는 틈만 나면 딸 자랑을 했습니다.
② "나의 가장 큰 재산은 내 예쁜 딸들이지."
③ 예쁜 노리개와 고운 옷도 많이 사 주었지요.
④ 아버지는 세 딸을 볼 때마다 참 행복했습니다.
⑤ 장사꾼의 말에 아버지는 깜짝 놀라며 물었습니다.

세부 내용

3 장사꾼이 달래마을 아버지에게 들려준 말은 무엇인가요? (　　)

① 나리마을 아버지도 재산이 많다.
② 나리마을 세 딸도 예쁘고 착하다.
③ 달래마을 세 딸이 아버지를 정성으로 모신다.
④ 마을 사람들이 달래마을 아버지를 부러워한다.
⑤ 달래마을 아버지가 세 딸을 무척 아끼고 사랑한다.

추론

4 이 글 뒤에 이어질 내용을 쓸 때 빈칸에 들어갈 인물로 알맞은 것은 무엇인가요? (　　)

> 달래마을 아버지가 (　　　　)을 만나러 간다.

① 자신의 큰딸 　　　　　　　　② 자신의 작은딸
③ 자신의 막내딸 　　　　　　　④ 나리마을 세 딸
⑤ 지나가던 장사꾼

지문 분석

1 인물 마음

다음 인물이 한 말을 보고 달래마을 세 딸의 마음으로 알맞은 것을 찾아 선으로 이으세요.

> 큰딸: 아버지는 글을 잘 읽는 나를 가장 사랑하실 거야.
> 작은딸: 아버지는 예쁜 나를 가장 사랑하실걸.
> 막내딸: 나는 언제나 아버지 곁에 있을래.

• 아버지는 나를 가장 사랑하실 거야.

• 아버지는 우리 세 자매 모두를 똑같이 사랑하실 거야.

2 인물 특징

달래마을 세 딸의 특징을 생각하여 빈칸에 들어갈 알맞은 말을 보기 에서 찾아 쓰세요.

보기

| 한복 | 외모 | 아버지 | 글공부 | 바느질 | 장사꾼 |

큰딸	작은딸	막내딸
❶ ☐☐☐를 열심히 함.	날마다 ❷ ☐☐을/를 예쁘게 꾸밈.	❸ ☐☐☐ 곁을 졸졸 따라다님.

❶ (　　　　　　) ❷ (　　　　　　) ❸ (　　　　　　)

배경지식 **세 딸이 나오는 다른 옛이야기 「할미꽃 설화」를 읽어 볼까요?**

　옛날에 홀로 된 어머니가 딸 셋을 키워 시집을 보냈습니다. 늙은 어머니가 혼자 살기가 어려워져 큰딸을 찾아갔는데 처음에는 반기던 큰딸이 며칠 안 되어 싫은 기색을 보였습니다. 둘째 딸 역시 마찬가지였습니다.

　이번에는 셋째 딸을 찾아갔는데, 고개 밑에 있는 집에 딸이 문밖으로 나와 있었습니다. 어머니는 딸이 먼저 불러 주기를 기다렸으나 딸은 어머니를 알아보지 못하고 그냥 집 안으로 들어가 버렸습니다. 어머니는 너무나 섭섭한 나머지 고개 위에서 허리를 구부리고 딸을 내려다보던 그 자세대로 죽고 말았다고 합니다.

오늘의 어휘

다음 낱말의 알맞은 뜻을 찾아 선으로 이으세요.

틈	•	• 어떤 대상의 옆.
곁	•	• 어떤 행동을 할 만한 기회.
재산	•	• 어떤 경우나 기회에 알맞게.
자랑	•	• 소중한 것을 빗대어 이르는 말.
마침	•	• 자기나 자기와 관계 있는 사람 등이 남에게 칭찬받을 만한 것임을 드러내어 말함.

1 다음 빈칸에 들어갈 알맞은 말을 오늘의 어휘 에서 찾아 쓰세요.

- 요즘 나는 동생과 ☐ 만 나면 싸운다.

- 나에게 가족은 돈보다 소중한 ☐☐ 이다.

- 배가 고팠는데 엄마께서 ☐☐ 간식을 주셨다.

- 규혁이는 상을 받은 일을 하루 종일 ☐☐ 했다.

- 우리 집 강아지가 내 ☐ 에 와서 꼬리를 흔들었다.

2 다음 밑줄 친 낱말과 뜻이 비슷한 말을 ( )에서 찾아 ○표 하세요.

언니에게

　언니, 작년부터 영어, 수학, 피아노, 수영 학원까지 다니느라 많이 바쁘지? 그래도 나는 언니와 자주 놀고 싶어. 언니가 나랑 놀아 줄 겨를이 없다고 말할 때마다 정말 서운해. 나와 같이 놀아 주면 안 될까?

동생 수빈이가

(틈, 이유, 노력)

글의 구조
발단 — 전개 — 절정 — 결말

글자 수
0 · 200 · 400 [565] 600 · 800

사랑의 깡동바지 ❷ | 전래 동화

나리마을 세 딸이 궁금했던 달래마을 아버지는 나리마을을 찾아갔습니다. 나리마을 아버지가 반갑게 맞아 주었고, 달래마을 아버지는 하룻밤 **묵고** 가기로 했지요.

달래마을 아버지는 **입가**에 **미소**를 지으며 잠자리에 들었어요.

'이 집 딸들도 착하지만, 내 딸들이 더 예쁘고 착하지.'   5

다음 날 아침이 되었습니다. 나리마을 아버지가 딸들을 불렀습니다.

"얘들아, 바지 줄이는 거 다 되었니?"

나리마을 아버지는 첫째 딸이 건네준 바지를 입어 보았어요. 그런데 바지는 **깡동**, 무릎이 드러날 정도로 짧았지요. 짧은 바지를 보고 달래마을 아버지는 웃음을 터뜨렸어요.   10

"왜 이렇게 많이 줄였니? 한 **뼘**만 줄이라고 했는데……."

나리마을 아버지가 딸들에게 물었습니다.

첫째 딸은 고개를 **갸웃**거렸어요.

㉠"어젯밤에 분명히 한 뼘만 줄였는데……."

둘째 딸은 얼굴이 살짝 붉어졌어요.   15

㉡"어쩌면 좋아. 그것도 모르고 제가 새벽에 또 한 뼘 줄였어요."

셋째 딸은 그렁그렁 눈물을 글썽였습니다.

㉢"아버지 죄송해요. 제가 아침에 한 뼘을 더 줄여 놓았어요."

세 딸은 서로 자기 잘못이라며 미안해했어요.

"허허 괜찮다. 이제 곧 여름이 될 텐데 시원해서 좋구나."   20

- **묵고** 일정한 곳에서 손님으로 머무르고.

- **입가** 입의 가장자리.

- **미소**(微 작을 미, 笑 웃음 소) 소리 없이 빙긋이 웃는 웃음.

- **깡동** 입은 옷이 매우 짧음.

- **뼘** 엄지손가락과 다른 손가락을 한껏 벌린 길이.

- **갸웃** 고개나 몸을 이쪽저쪽으로 자꾸 조금씩 낮추어 기울이는 모양.

중심 내용

1 이 글에서 일어난 일 중 가장 중요한 일을 찾아 ○표 하세요.

(1) 달래마을 아버지가 나리마을에서 하룻밤 묵은 일 ( )

(2) 달래마을 아버지가 자신의 딸들이 더 예쁘고 착하다고 생각한 일

( )

(3) 나리마을 아버지가 바지를 한 뼘 줄여 달라고 부탁하자 세 딸이 각자 한 뼘씩 줄여서 깡동바지를 만든 일 ( )

세부 내용

2 달래마을 아버지가 바지를 보고 웃음을 터뜨린 까닭은 무엇인가요? ( )

① 바지가 너무 커서 ② 바지가 마음에 들어서

③ 바지에 얼룩이 묻어 있어서 ④ 바지 길이가 한 뼘밖에 안 되어서

⑤ 바지가 무릎이 드러날 정도로 짧아져서

세부 내용

3 ㉠~㉢을 통해 알 수 있는 나리마을 세 딸의 마음으로 알맞은 것은 무엇인가요? ( )

① 아버지가 무서운 마음

② 아버지를 아끼고 위하는 마음

③ 아버지의 심부름이 귀찮은 마음

④ 바느질을 빨리 끝내고 놀고 싶은 마음

⑤ 언니와 동생에게 일을 미루고 싶은 마음

추론

4 나리마을 세 딸을 지켜본 달래마을 아버지가 할 생각으로 알맞지 <u>않은</u> 것을 찾아 기호를 쓰세요.

> ㉮ '나리마을 세 딸도 우리 딸들처럼 착하군.'
> ㉯ '역시 나리마을 세 딸은 소문대로 조금 모자라군.'
> ㉰ '우리 딸들도 바지를 줄여 달라고 하면 깡동바지를 만들어 놓을 거야.'

( )

1 사건 전개 일이 일어난 때를 생각하며 빈칸에 들어갈 알맞은 말을 보기 에서 찾아 쓰세요.

> 보기
>
> 어젯밤   오늘 새벽   오늘 아침

① ☐☐☐	나리마을 첫째 딸이 바지를 한 뼘 줄임.
② ☐☐☐☐	나리마을 둘째 딸이 바지를 한 뼘 줄임.
③ ☐☐☐☐	나리마을 셋째 딸이 바지를 한 뼘 줄임.

① (   ) **②** (   ) **③** (   )

2 인물 마음 다음 상황에서 나리마을 세 딸과 아버지의 마음을 짐작하여 (   ) 안에
들어갈 알맞은 말을 찾아 ○표 하세요.

상황		나리마을 세 딸의 마음
아버지의 바지가 무릎이 드러날 정도로 짧아짐.	→	(행복한 , 미안한) 마음

상황		나리마을 아버지의 마음
딸들 모두 아버지를 위해 바지를 각자 한 뼘씩 줄인 것을 알게 됨.	→	(고마운, 화가 나는) 마음

배경지식 '효도'를 주제로 한 옛이야기가 많은 까닭은 무엇일까요?

옛이야기 중에는 효도를 주제로 한 것이 많아요. 대표적인 것이 「효녀 심청」이지요. 「사랑의 깡동바지」도 역시 효도를 주제로 하고 있어요. 효도는 부모를 잘 섬기는 일이에요.

이처럼 옛이야기 가운데 효도를 주제로 한 것이 많은 까닭은 무엇일까요? 옛부터 효도는 사람이라면 누구나 지켜야 할 기본적인 미덕이라고 생각했기 때문이에요. 사회가 바뀌며 효도하는 방법도 달라지고 있지만 지금 사회에서도 부모님께 효도하는 것은 아주 중요하답니다.

오늘의 어휘

다음 낱말의 알맞은 뜻을 찾아 선으로 이으세요.

곧	•	• 입의 가장자리.
미소	•	• 머뭇거리지 않고 바로.
묵고	•	• 소리 없이 빙긋이 웃는 웃음.
갸웃	•	• 일정한 곳에서 손님으로 머무르고.
입가	•	• 고개나 몸을 이쪽저쪽으로 자꾸 조금씩 낮추어 기울이는 모양.

1 다음 빈칸에 들어갈 알맞은 말을 오늘의 어휘 에서 찾아 쓰세요.

- 동생 [ ][ ]에 밥풀이 묻어 있었다.

- 혜수는 얼굴 가득 [ ][ ]를 띠고 걸어왔다.

- 우리 가족은 김해에서 하루 [ ][ ] 가기로 했다.

- 아빠는 자리에 누우시자마자 [ ] 코를 골기 시작하셨다.

- 혜원이는 무슨 말인지 모르겠다며 고개를 [ ][ ]거렸다.

2 다음 밑줄 친 낱말과 뜻이 반대인 말을 ( )에서 찾아 ○표 하세요.

바다는 물로 되어 있어서 육지보다 <u>천천히</u> 더워지고 천천히 식어요. 그래서 여름에는 태양에서 나오는 열을 저장하고, 겨울에는 여름에 저장한 열을 내보내 주변을 따뜻하게 하여 기온을 조절해요.

(곧, 차차, 한동안)

사랑의 깡동바지 ❸ | 전래 동화

글의 구조
발단 — 전개 — 절정 — 결말

글자 수
0   200   400   600   800
528

달래마을 아버지는 아주 긴 바지를 하나 사서 집으로 돌아왔습니다.

달래마을 아버지가 집으로 들어서자, 딸들이 조르르 달려와 품에 안겼습니다.

"아버지, 보고 싶었어요."

작은딸이 아버지의 팔에 매달리며 반겼어요.   5

"아버지, 선물도 많이 사 오셨죠?"

큰딸이 생글생글 웃으며 ㉠손을 내밀었어요.

"이런, 내 너희들 선물을 **깜빡** 잊었구나."

아버지 말에 세 딸은 몹시 **실망**했습니다.

달래마을 아버지는 새로 산 긴 바지를 내밀며 말했어요.   10

"애들아, 이 바지를 내일 아침까지 한 뼘만 줄여 주렴."

딸들은 바지를 받아 들고 방으로 들어갔습니다.

세 딸이 사랑으로 줄여 놓을 깡동바지를 **상상하며** 달래마을 아버지의 얼굴에는 **환한** 미소가 번졌어요.

아침이 되자, 아버지는 딸들에게 바지를 가져오라고 했어요. 그런데   15
바지는 조금도 줄지 않은 채 어제 그대로였지요.

"왜 바지를 하나도 줄이지 않았니?"

"글을 읽느라고 못 했어요. 동생들한테 하라고 했는데……."

"막내가 할 줄 알고 그냥 두었어요."

"치, 이런 일은 언니들이 해야지."   20

딸들은 서로 입을 **비죽** 내밀었습니다.

- **깜빡** 기억이나 의식 등이 잠깐 흐려지는 모양.

- **실망**(失 잃을 실, 望 바랄 망) 바라던 일이 뜻대로 되지 않아 섭섭한 것.

- **상상**(想 생각 상, 像 모양 상)**하며** 실제로 경험하지 않은 일이나 사물에 대하여 마음속으로 그려 보며.

- **환한** 표정이 구김살 없이 밝은.

- **비죽** 비웃거나 못마땅하거나 울려고 할 때 소리 없이 입을 내미는 모양.

지문 독해

중심 소재

1 이 글에서 가장 여러 번 나온 낱말은 무엇인가요? (   )

① 글   ② 집   ③ 선물   ④ 아침   ⑤ 바지

표현

2 ㉠에 담긴 뜻으로 알맞은 것은 무엇인가요? (   )

① 도와주고 싶다.   ② 친해지고 싶다.

③ 도움이 필요하다.   ④ 선물을 받고 싶다.

⑤ 악수를 하고 싶다.

세부 내용

3 달래마을 세 딸이 바지를 줄이지 않은 까닭에 대해 어떻게 말했는지 찾아 선으로 이으세요.

(1) 큰딸 •   • ㉮ 글을 읽느라고 못 했어요.

(2) 작은딸 •   • ㉯ 이런 일은 언니들이 해야지.

(3) 막내딸 •   • ㉰ 막내가 할 줄 알고 그냥 두었어요.

적용

4 이 글이 주는 깨달음에 맞게 행동하지 <u>않은</u> 친구를 찾아 기호를 쓰세요.

㉮ 피곤해하시는 아빠의 어깨를 주물러 드린 진아

㉯ 엄마가 심부름을 시키시면 동생에게 대신 하라고 하는 주미

㉰ 늦게 퇴근하시는 엄마를 위해 자기 방은 자기가 치우는 영서

(   )

지문 분석

1 마음 변화 　다음 상황에서 달래마을 아버지의 마음을 짐작하여 (　　　) 안에 들어갈 알맞은 말을 찾아 ○표 하세요.

상황	달래마을 아버지의 마음
달래마을 아버지가 세 딸에게 바지를 줄여 달라고 부탁함. →	(기대하는, 만족스러운) 마음
다음 날 길이가 줄지 않고 그대로인 바지를 발견함. →	(실망한, 고마운) 마음

2 주제 　이 글의 주제를 생각하며 빈칸에 들어갈 알맞은 말을 보기 에서 찾아 쓰세요.

보기

효도　　　우정　　　희생　　　착한　　　못된

주제	❶□□은/는 부모님을 진정으로 위하는 ❷□□ 마음에서 나온다.

❶(　　　　　　　)　❷(　　　　　　　)

배경지식　「사랑의 깡동바지」 전체 줄거리

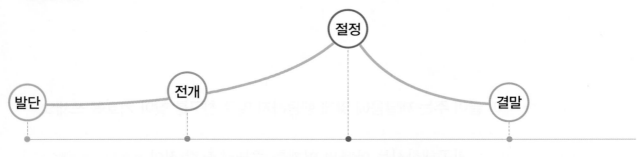

발단: 자신의 딸들이 가장 예쁘고 착하다고 생각하는 달래마을 아버지는 나리마을 세 딸 이야기를 듣고 궁금해져서 찾아감.

전개: 바지를 한 뼘 줄여 달라는 나리마을 아버지의 부탁에 세 딸은 모두 한 뼘씩 바지를 줄여 깡동바지를 만들어 놓음.

절정: 달래마을 아버지는 바지를 사 들고 집으로 돌아와 자신의 세 딸에게 바지를 한 뼘 줄여 달라고 부탁함.

결말: 그 다음 날 달래마을 아버지의 바지는 조금도 줄지 않았고, 세 딸들은 서로의 탓을 하느라 바빴음.

오늘의 어휘

다음 낱말의 알맞은 뜻을 찾아 선으로 이으세요.

상상 •

깜빡 •

환한 •

실망 •

비죽 •

• 표정이 구김살 없이 밝은.

• 기억이나 의식 등이 잠깐 흐려지는 모양.

• 바라던 일이 뜻대로 되지 않아 섭섭한 것.

• 비웃거나 못마땅하거나 울려고 할 때 입을 내미는 모양.

• 실제로 경험하지 않은 일이나 사물에 대하여 마음속으로 그려 보는 것.

1 다음 빈칸에 들어갈 알맞은 말을 오늘의 어휘 에서 찾아 쓰세요.

• 선물을 받은 지수는 ☐☐ 미소를 지었다.

• 나는 거짓말을 한 친구에게 매우 ☐☐ 했다.

• 엄마에게 혼이 난 언니는 입을 ☐☐ 내밀었다.

• 정수는 주말에 놀이공원에 놀러 가는 ☐☐ 을 했다.

• 나는 오늘 준비물로 물감을 가져오는 것을 ☐☐ 하고 그냥 왔다.

2 다음 밑줄 친 낱말과 뜻이 비슷한 말을 (   )에서 찾아 ○표 하세요.

이번 주말에는 강릉으로 오세요! 부모님은 싱싱한 회를 맛있게 먹을 수 있고, 아이들은 바닷가에서 수영을 마음껏 할 수 있는 곳이랍니다. 아름다운 자연 속에서 절망하거나 후회하는 일을 모두 훌훌 털어 버리세요.

(만족, 실망, 화해)

머리와 꼬리 | 탈무드 이야기

뱀이 한 마리 살고 있었습니다.

뱀의 꼬리는 항상 머리가 가는 대로 이리저리 끌려다녀야만 했습니다.

어느 날 꼬리는 머리에게 **불만**을 터뜨렸습니다.

"왜 맨날 ㉠네 꽁무니만 졸졸 쫓아다녀야 하지? 너무 **불공평**해!"

머리는 말했습니다. 5

"㉡너는 눈도 없고, 귀도 없고, 생각할 수도 없잖아. 그러니 위험이 닥쳐도 해결할 수가 없으니 그럴 수밖에."

그 말에 꼬리는 더욱 화가 나서 소리쳤습니다.

"㉢나도 잘 할 수 있다고!"

머리는 하는 수 없이 꼬리를 **앞장** 세웠습니다. 10

그러나 얼마 가지 못해 깊은 웅덩이에 빠졌습니다.

다행히 머리의 도움을 얻어 웅덩이에서 기어 나올 수가 있었습니다.

그러나 꼬리는 또다시 **가시덤불** 속으로 잘못 들어서 버렸습니다.

눈이 없으니 앞을 볼 수가 없었던 것이지요.

뱀은 온통 상처투성이가 되었습니다. 15

이번에도 머리가 죽을힘을 다해 **애쓴** 끝에 겨우 빠져나왔습니다.

"처음이라 그래. 이제 자신 있으니까 ㉣나만 믿고 따라와!"

㉤꼬리가 큰소리를 쳤지만, 이번에는 뜨거운 불길 속으로 들어가고 말았습니다.

머리가 아무리 **버둥거리며** 불 속에서 빠져나오려고 했지만, 소용이 없었습니다. 20

글의 구조

발단 — 전개 — 절정 — 결말

글자 수

556

0 200 400 600 800

- **불만** 마음에 흡족하지 않음.

- **불공평(不 아니 불, 公 공평할 공, 平 평평할 평)** 한쪽으로 치우쳐 고르지 못함.

- **앞장** 무리의 맨 앞자리.

- **가시덤불** 가시나무의 넝쿨이 어수선하게 엉클어진 수풀.

- **애쓴** 마음과 힘을 다하여 무엇을 이루려고 힘쓴.

- **버둥거리며** 넘어지거나 매달려서 팔다리를 마구 내저으면서 자꾸 움직이며.

지문
독해

중심 내용

1 뱀의 꼬리가 가진 불만에 맞게 빈칸에 들어갈 알맞은 말을 쓰세요.

항상 뱀의 ☐☐가 가는 대로 이리저리 끌려다녀야 하는 것

세부 내용

2 뱀의 꼬리가 말한 불만을 듣고 뱀의 머리가 대답한 내용을 두 가지 고르세요.

(,)

① 너는 위험이 닥쳐도 해결할 수 없다.
② 너는 빠르지 않아서 도망칠 수 없다.
③ 너는 다리가 없어서 빨리 달릴 수 없다.
④ 너는 손이 없어서 물건을 잡을 수 없다.
⑤ 너는 눈도 없고, 귀도 없고, 생각할 수도 없다.

표현

3 ㉠~㉤ 중 가리키는 것이 다른 하나는 무엇인가요? ( )

① ㉠   ② ㉡   ③ ㉢   ④ ㉣   ⑤ ㉤

감상

4 이 글을 읽고 생각이나 느낌을 바르게 말한 것은 무엇인가요? ( )

① 항상 앞장서려고 하는 뱀의 머리는 이기적이야.
② 뱀의 머리와 꼬리는 다리와 손을 갖고 싶었던 거야.
③ 뱀의 머리는 꼬리와 항상 같이 다니는 게 불만이었어.
④ 뱀의 머리와 꼬리가 서로를 위해 주는 마음이 정말 아름다워.
⑤ 뱀의 꼬리는 자기가 할 수 없는 일들이 있다는 것을 인정하지 않았어.

지문 분석

1 사건 전개 뱀의 꼬리가 앞장서면서 겪은 일의 차례를 생각하며 (　　　　) 안에 들어갈 알맞은 말을 찾아 ○표 하세요.

> 깊은 (웅덩이, 불길)에 빠지게 됨.

⬇

> (가시덤불, 웅덩이) 속으로 잘못 들어서게 됨.

⬇

> 뜨거운 (불길, 가시덤불) 속으로 들어가게 됨.

2 주제 이 글의 주제를 생각하며 빈칸에 들어갈 알맞은 말을 보기 에서 찾아 쓰세요.

보기

처지　　노력　　자랑　　욕심　　봉사

이야기의 마지막 내용	주제
뱀의 꼬리는 자신만 믿고 따라오라며 큰소리를 쳤지만, 결국 뜨거운 불길 속으로 빠져 머리가 아무리 버둥거려도 불 속에서 나올 수 없었음.	자신의 ❶[　][　]에 맞지 않는 지나친 ❷[　][　]을 부리지 말자.

❶(　　　　　　　) ❷(　　　　　　　)

배경지식 **지혜를 선물하는 「탈무드 이야기」**

「탈무드 이야기」는 우리에게 지혜를 가르쳐 줍니다. 진정한 행복이 무엇인가, 진정한 부자는 어떤 사람인가, 진정한 사랑은 무엇인가 등 삶에 대한 지혜 말이에요. '탈무드'라는 말은 원래 '위대한 연구' 또는 '위대한 학문'이란 뜻이에요. 유대 민족 사이에서 오래 전부터 전해 내려오는 삶의 지혜를 기록한 책이지요.

탈무드는 총 20권으로 되어 있는데, 20권 모두 2쪽부터 시작해요. 1쪽을 여백으로 남겨 둔 까닭은 읽는 사람의 경험을 담으라는 뜻이지요. 즉, 읽는 사람의 삶과 생각의 바탕에서 「탈무드」가 시작된다는 말이에요. 마지막 쪽 역시 여백으로 남겨 두었어요. 이것은 앞으로 계속 그 내용이 더해질 것을 뜻한답니다.

오늘의 어휘

다음 낱말의 알맞은 뜻을 찾아 선으로 이으세요.

불만 •	• 무리의 맨 앞자리.
자신 •	• 마음에 흡족하지 않음.
앞장 •	• 한쪽으로 치우쳐 고르지 못함.
애쓴 •	• 마음과 힘을 다하여 무엇을 이루려고 힘쓴.
불공평 •	• 어떤 일을 해낼 수 있다고 스스로 굳게 믿음.

1 다음 빈칸에 들어갈 알맞은 말을 오늘의 어휘 에서 찾아 쓰세요.

- 윤후는 항상 무엇이든지 ☐☐ 있게 말한다.

- ☐☐ 서서 떠난 사람들은 벌써 도착했다고 한다.

- 언니에게만 새 옷을 사 주는 것은 ☐☐☐ 하다.

- 지수는 자신이 매번 앞자리에 앉는 것이 ☐☐ 이다.

- 시험에서 좋은 성적을 받으려고 ☐☐ 내가 자랑스럽다.

2 다음 밑줄 친 낱말과 뜻이 반대인 말을 ( )에서 찾아 ○표 하세요.

> 연예인들과 자신의 모습을 비교하면서 외모에 불만을 갖는 친구들이 늘어나고 있습니다. 하지만 우리는 지금의 모습 그대로도 충분히 멋있고 예쁘기 때문에 자신의 모습에 <u>만족</u>하면서 자신감을 가집시다.

(감사, 불만, 행복)

지문 분석

아내와 산양과 닭 | 탈무드 이야기

가난한 농부가 **랍비**를 찾아왔습니다.

"랍비님, 우리 집은 **비좁은** 데다가 애들은 많고, 또 마누라는 **고약한** 잔소리꾼입니다. 이를 어쩌면 좋겠습니까?"

랍비는 조용히 물었습니다.

"집에서 산양을 기르고 있습니까?"   5

"물론이죠."

"그렇다면 산양을 집 안에서 길러 보십시오."

농부는 **어리둥절한** 얼굴을 한 채 돌아갔습니다.

다음 날 그 농부가 다시 찾아와서 울먹였습니다.

"이젠 더 이상 참을 수가 없습니다. 고약한 마누라에다가 산양까지! 집   10
안이 **온통** 엉망진창입니다."

랍비가 말했습니다.

"이번에는 닭도 함께 집 안에서 기르십시오."

농부는 그 다음 날도 랍비를 찾아왔습니다.

"랍비님, 모든 게 **끝장**입니다."   15

"그렇게 힘든가요?"

랍비의 질문에 농부는 땅을 치며 **울부짖었습니다**.

"마누라는 잔소리를 퍼붓고, 산양은 길길이 날뛰고, 또 닭까지 설쳐 대
니!"

랍비가 말했습니다.   20

"정 그러시다면 산양과 닭을 처음처럼 밖에서 기르세요."

다음 날 농부는 싱글벙글 웃으며 무척 행복해 보였습니다.

㉠"정말 고맙습니다. 말씀대로 산양과 닭을 집 안에서 내보냈더니 이
제야 살 것 같습니다. 우리 집은 궁전과도 같습니다."

글의 구조

발단 — 전개 — 절정 — 결말

글자 수

558

0   200   400   600   800

- **랍비** 유대교에서 율법 학자를 이르는 말. '나의 스승', '나의 주인'이라는 뜻.

- **비좁은** 자리가 몹시 좁은.

- **고약한** 성질이나 행동, 말 등이 사나운.

- **어리둥절한** 무슨 일인지 알아차리지 못해서 얼떨떨한.

- **온통** 전부 다.

- **끝장** 실패, 망함, 계획이 어긋나 깨진 상황 등을 속되게 이르는 말.

- **울부짖었습니다** 큰 소리로 울면서 부르짖었습니다.

지문
독해

중심 소재

1 농부를 처음 힘들게 한 것은 무엇인지 모두 쓰세요.

비좁은 ☐, 많은 ☐☐, 고약한 ☐☐☐☐인 마누라

세부 내용

2 농부의 고민을 듣고 랍비가 한 말을 모두 고르세요. (　,　,　)

① 닭을 집 안에서 길러 보세요.
② 산양을 집 안에서 길러 보세요.
③ 돼지를 집 안에서 길러 보세요.
④ 산양과 닭을 처음처럼 밖에서 기르세요.
⑤ 집에서 나와 평화로운 곳에서 혼자 사세요.

표현

3 ㉠에서 농부가 '우리 집'을 빗대어 표현한 낱말은 무엇인지 찾아 쓰세요.

☐☐

추론

4 농부가 앞으로 할 생각으로 가장 알맞은 것은 무엇인가요? (　　)

① '말썽쟁이 아이들은 모두 쫓아 버려야겠어.'
② '산양, 닭을 집 안에서 더 많이 키우면 정말 행복할 거야.'
③ '나를 골탕 먹인 랍비에게는 이제 절대 찾아가지 않겠어.'
④ '마누라가 또 잔소리를 하면 그만하라고 따끔하게 말해야겠어.'
⑤ '어려운 상황이 또 생길 수도 있겠지만 그래도 우리 가족이 있어 행복해.'

지문 분석

1 [사건 전개] 일이 일어난 때를 생각하며 빈칸에 들어갈 알맞은 말을 보기 에서 찾아 쓰세요.

보기

| 안 | 밖 | 아내 | 랍비 | 스승 | 마을 |

때	농부의 상황
❶☐☐을/를 처음 찾아 왔을 때	집은 비좁고, 애들은 많고, 마누라는 고약한 잔소리꾼이라고 괴로워함.
집 ❷☐에서 산양과 닭을 길렀을 때	마누라는 잔소리를 퍼붓고, 산양은 길길이 날뛰고, 닭까지 설쳐 댄다고 울부짖음.
산양과 닭을 집 ❸☐으로 내보냈을 때	이제야 살 것 같다며 행복해함.

❶(   ) ❷(   ) ❸(   )

2 [주제] 농부가 행복해진 까닭을 보고 글쓴이가 말하고 싶은 것을 찾아 ◯표 하세요.

농부가 행복해진 까닭	글쓴이가 말하고 싶은 것
산양과 닭을 집 안에서 기르자 농부는 몹시 힘들어졌지만 산양과 닭을 다시 내보내고 처음보다 더 행복해짐.	• 꿈은 크게 가져야 한다. ( ) • 행복은 마음먹기에 달렸다. ( )

[배경지식] **또 다른 탈무드 이야기 「닭이 염소로 변한 사연」**

한 농부가 닭 한 마리를 가지고 여행을 하다가 어느 랍비의 집 기둥에 잠깐 닭을 묶어 두고 음식을 사러 갔습니다. 랍비는 닭을 발견하고 주인이 찾아올 때까지 키우기로 합니다. 그러나 시간이 지나 닭이 알을 낳고, 알들이 병아리가 되어 랍비의 집 마당이 가득 찰 때까지 닭 주인은 찾아오지 않았습니다. 결국 랍비는 닭과 병아리를 모두 팔아 염소를 샀습니다. 몇 년이 흘러 농부가 닭을 묶어 둔 곳을 기억해 내고 랍비의 집을 찾아가자, 랍비는 농부에게 염소를 돌려주며 닭이 염소가 된 사연을 설명합니다. 농부는 랍비에게 몇 번이고 고맙다는 인사를 남겼습니다.

오늘의 어휘

다음 낱말의 알맞은 뜻을 찾아 선으로 이으세요.

온통 •　　　　　　• 전부 다.

끝장 •　　　　　　• 자리가 몹시 좁은.

고약한 •　　　　　　• 성질이나 행동, 말 등이 사나운.

비좁은 •　　　　　　• 실패, 망함, 계획이 어긋나 깨진 상황 등을 속되게 이르는 말.

엉망진창 •　　　　　　• 일이나 사물이 헝클어져서 방향을 잡지 못할 만큼 어지러운 상태.

1 다음 빈칸에 들어갈 알맞은 말을 〔오늘의 어휘〕에서 찾아 쓰세요.

- 단풍이 물들어 산이 ⬜⬜ 붉은색이다.

- ⬜⬜⬜ 자리에 세 명이서 같이 앉았다.

- ⬜⬜⬜ 마음씨를 고치면 친구가 생길 수 있다.

- 집에 돌아오니 강아지가 집을 ⬜⬜⬜⬜으로 만들어 놓았다.

- 우리는 이 방법도 통하지 않는다면 이제 정말 ⬜⬜이라고 생각했다.

2 다음 밑줄 친 낱말과 뜻이 비슷한 말을 (　　　　　)에서 찾아 ○표 하세요.

　　요일이 없다면 얼마나 불편할까요? 모두 뒤죽박죽이 될 거예요. 요일이 언제부터 우리나라에서 쓰였는지는 알 수 없지만, 옛날에는 평일과 주말이 따로 없었다고 해요. 대신 매달 1, 7, 15, 23일을 휴일로 정해서 쉬었다고 합니다.

(엉망진창, 질서정연, 사방팔방)

진짜 부자 | 탈무드 이야기

㉠바다 위에 배 한 척이 있었습니다.

배 안에 탄 부자들은 서로 자기 재산을 자랑하느라 바빴습니다.

"이 다이아몬드는 세상에서 제일 큰 것이라네."

"이 황금 시계보다는 못한걸."

그러나 누구의 재산이 더 많은지 가릴 수가 없었습니다.

부자들은 **꾀죄죄한** 옷차림을 하고 말없이 앉아 있던 랍비에게 물었습니다.

"랍비님은 가난하지요?"

"글쎄요. 나는 내가 이 중에서 제일 부자라고 생각하는데요. 내 재산은 눈에 보이지 않는 것이라오."

"그런 **엉터리** 같은 말이 어디 있어요?"

부자들은 모두 랍비를 비웃었습니다.

그런데 얼마 후, 갑자기 무서운 **해적**들이 배를 **습격**했습니다. 부자들은 가지고 있던 재산을 몽땅 빼앗겨 **빈털터리**가 되고 말았지요.

그 후 아는 것이 많고 매우 지혜로운 랍비는 학교에서 학생들을 가르치는 선생님이 되어 많은 사람들로부터 **존경**을 받기에 이르렀습니다.

부자들은 랍비를 보고 눈물을 흘리며 말했습니다.

"랍비님의 말씀이 옳았습니다. 우리가 가지고 있던 보물은 없어지지만, 랍비님이 가지고 있는 배움은 영원히 없어지지 않는 큰 재산이라는 걸 이제야 깨달았습니다."

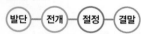
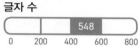

글의 구조
발단 — 전개 — 절정 — 결말

글자 수
548
0 200 400 600 800

- **꾀죄죄한** 옷차림이나 모양
색가 몹시 가난하게 보이고
지저분한.
- **엉터리** 터무니없는 말이나
행동.
- **해적**(海 바다 해, 賊 도둑
적) 배를 타고 다니면서 다른
배의 재물을 빼앗는 도둑.
- **습격** 갑자기 상대편을 덮쳐
침.
- **빈털터리** 재산을 다 없애고
아무것도 가진 것이 없게 된
사람.
- **존경** 남의 훌륭한 인격, 행
위 등을 높이고 받들어 모시
는 것.

지문
독해

중심 내용

1 이 글에서 진짜 부자는 누구였는지 기호를 쓰세요.

> ㉮ 해적　　　㉯ 랍비　　　㉰ 학생　　　㉱ 부자들

(　　　　　　　　　　　)

표현

2 ㉠에서 배를 세는 단위를 찾아 쓰세요.

세부 내용

3 부자들이 랍비를 비웃은 까닭으로 알맞은 것을 두 가지 고르세요. (　　,　　)

① 랍비가 부자들의 재산을 부러워했기 때문에

② 랍비가 자기 재산을 자랑하느라 바빴기 때문에

③ 해적들이 배를 습격했을 때 랍비 혼자 빈털터리가 되었기 때문에

④ 랍비가 자신의 재산은 눈에 보이지 않는 것이라고 말했기 때문에

⑤ 꾀죄죄한 옷차림의 가난해 보이는 랍비가 자신이 제일 부자라고 말했기 때문에

적용

4 랍비와 비슷한 깨달음을 주는 인물을 찾아 ○표 하세요.

(1) 자신의 외모를 아름답게 가꾸는 데 최선을 다하는 청년　　　(　　　)

(2) 평생 검소하고 성실한 생활을 하며 큰 재산을 모은 할머니　　　(　　　)

(3) 배움에는 지름길이 없다는 생각으로 꾸준히 배워 사람들에게 자신의 지혜를 나누어 주는 학자　　　(　　　)

지문 분석

1 사건 전개

부자들과 랍비는 시간의 흐름에 따라 어떻게 변했는지 (   ) 안에 들어갈 알맞은 말을 찾아 ○표 하세요.

부자들	서로 자신의 재산을 (자랑, 부러워)하느라 바빴음.	→	해적의 습격을 당해 재산을 모두 빼앗겨 (노예, 빈털터리)가 됨.
랍비	(화려, 꾀죄죄)한 옷차림을 하고 있어 가난해 보였음.	→	지식과 지혜를 바탕으로 선생님이 되어 많은 사람들로부터 (존경, 미움)을 받음.

2 주제

부자들의 말을 보고 주제를 생각하며 빈칸에 들어갈 알맞은 말을 보기 에서 찾아 쓰세요.

보기

재산   가족   친구   배움

부자들의 마지막 말		주제
"우리가 가지고 있던 보물은 없어지지만, 랍비님이 가지고 있는 배움은 영원히 없어지지 않는 큰 재산이라는 걸 이제야 깨달았습니다."	→	눈에 보이는 ❶ ▢▢ 보다 중요한 것은 ❷ ▢▢ 이다.

❶(   ) ❷(   )

배경지식 **유대인들의 독특한 공부 방식**

우리나라에서 도서관은 조용히 하고 책을 읽는 곳입니다. 큰 소리로 떠들거나, 장난치거나, 뛰어다녀서는 안 됩니다. 다른 사람들이 책 읽는 것을 방해해서는 안 되기 때문입니다.

그런데 놀랍게도 유대인들의 도서관 예시바는 조용하기는커녕 정말 시끄럽습니다. 사람들은 도서관 의자에 앉아 책을 산더미처럼 쌓아 놓고, 상대방과 시끄럽게 이야기를 나눕니다. 책을 읽고, 책에 대해 서로에게 질문을 던집니다. 유대인들은 혼자서 조용하게 공부하는 것보다 토론과 논쟁을 중요하게 생각하기 때문입니다.

오늘의 어휘

다음 낱말의 알맞은 뜻을 찾아 선으로 이으세요.

몽땅 •

습격 •

엉터리 •

꾀죄죄한 •

빈털터리 •

• 있는 대로 모두 다.

• 터무니없는 말이나 행동.

• 갑자기 상대편을 덮쳐 침.

• 재산을 다 없애고 아무것도 가진 것이 없게 된 사람.

• 옷차림이나 모양새가 몹시 가난하게 보이고 지저분한.

1 다음 빈칸에 들어갈 알맞은 말을 오늘의 어휘 에서 찾아 쓰세요.

• 우리 군대는 한밤중에 적의 ☐☐ 을 받았다.

• 오빠가 내 아이스크림까지 ☐☐ 먹어 버렸다.

• 진흙을 밟고 놀던 동생은 ☐☐☐☐ 모습이었다.

• 생각해 보니, 동생의 말이 전부 ☐☐☐ 는 아니었다.

• 나는 어제 용돈을 다 써 버려 아무것도 없는 ☐☐☐☐ 가 되었다.

2 다음 밑줄 친 낱말과 뜻이 반대인 말을 (   )에서 찾아 ○표 하세요.

두 사람이 굴뚝 청소를 하고 나서 한 명은 <u>깨끗한</u> 얼굴이었고, 또 한 명은 더러운 얼굴이 되었습니다. 서로의 얼굴을 보며 얼굴이 더러운 사람은 자신의 얼굴도 깨끗할 것이라 생각했습니다. 반면에 얼굴이 깨끗한 사람은 자신의 얼굴도 더러울 것이라고 생각해서 얼굴을 씻었다고 합니다.

(단정한, 꾀죄죄한, 아름다운)

마부와 마차 | 라퐁텐

짐을 가득 실은 **마차**가 진흙탕에 빠졌습니다.

말들이 있는 힘껏 끌어도 마차는 꼼짝도 하지 않습니다.

"이 바보 같은 녀석들아. 힘을 내!"

마부가 아무리 소리를 치고, 화를 내도 소용이 없습니다. 마부는 기도를 시작했습니다.   5

"하느님, 도와주십시오. **부디** 마차를 진흙탕에서 꺼낼 수 있게 해 주십시오."

잠시 후 어디선가 큰 목소리가 들려왔습니다.

㉠"사람은 스스로 열심히 노력해야 한다. 네가 스스로 **최선**을 다한 다음에 내가 도와주겠노라."   10

"해 보았습니다. 도와주십시오."

"먼저 마차의 네 바퀴가 왜 빠졌는지를 살피도록 해라. 그리고 바퀴 가장자리에 붙어 있는 진흙들을 모두 떼어 내거라. **곡괭이**로 돌들을 치우고 **파인** 수레바퀴 자국을 흙으로 메우거라."

마부는 시키는 대로 열심히 일을 했습니다.   15

"이 다음엔 어떻게 하면 됩니까?"

"이제 내가 도와주겠노라. 너는 채찍을 들고 마차를 앞으로 끌도록 해라."

채찍질을 하자 말들이 앞으로 움직이며 마차가 진흙탕에서 빠져나왔습니다.   20

"언제나 무슨 일이 일어나면 네 스스로를 먼저 돕도록 하여라. 그렇게 하면 반드시 하늘이 도울 것이다!"

큰 목소리가 말했습니다.

글의 구조

발단 — 전개 — 절정 — 결말

글자 수

0   200   400   567   600   800

- **마차**(馬 말 마, 車 수레 차) 말이 끄는 수레.
- **마부** 말이 끄는 마차나 수레를 모는 사람.
- **부디** 남에게 청하거나 부탁할 때 그 마음이 간절함을 나타내는 말.
- **최선** 모든 정성과 힘.
- **곡괭이** 길고 뾰족한 쇠붙이의 가운데에 긴 나무 자루를 박은 주로 단단한 땅을 파는 데 쓰는 농기구.
- **파인** 구멍이나 구덩이가 만들어진.

지문 독해

갈래

1 이 이야기를 이끌어 가는 두 명의 인물은 누구와 누구인지 쓰세요.

☐☐ , 큰 ☐☐☐

세부 내용

2 마부에게 생긴 문제는 무엇인가요? (　　　)

① 마차가 진흙탕에 빠졌다.
② 마차의 수레바퀴가 빠졌다.
③ 마부가 실수로 마차에서 떨어졌다.
④ 마차를 끌고 있던 말들이 도망갔다.
⑤ 마차에 실려 있던 짐들이 땅으로 떨어졌다.

어휘

3 ㉠의 내용과 관련 있는 속담을 찾아 ○표 하세요.

(1) 발 없는 말이 천 리 간다　　　　　　　　　　　　　(　　　)
(2) 하늘은 스스로 돕는 자를 돕는다　　　　　　　　　　(　　　)
(3) 열 길 물속은 알아도 한 길 사람의 속은 모른다　(　　　)

적용

4 다음 상황에서 이 글이 주는 깨달음에 맞게 행동한 것은 무엇인가요? (　　　)

상황	내일 중요한 시험을 앞두고 있다.

① 시험 생각을 하지 않고 푹 잔다.
② 시험을 잘 보기 위해 공부를 열심히 한다.
③ 시험을 잘 보게 해 달라고 밤새 기도한다.
④ 시험을 잘 볼 수 있을지 걱정하느라 밤을 샌다.
⑤ 다른 친구들은 시험공부를 얼마나 했는지 알아본다.

지문 분석

1 사건 전개

마부가 한 일을 생각하며 빈칸에 들어갈 알맞은 말을 보기 에서 찾아 쓰세요.

보기

돌	흙	바퀴	진흙

큰 목소리의 명령에 따라 마부가 한 일	• 마차의 네 ❶□□가 왜 진흙에 빠졌는지 살핌. • 바퀴 가장자리에 붙어 있는 ❷□□들을 모두 떼어 냄. • 곡괭이로 ❸□들을 치움. • 파인 수레바퀴 자국을 흙으로 메움.

❶(   )   ❷(   )   ❸(   )

2 주제

큰 목소리의 마지막 말을 보고 주제를 생각하며 (　　　) 안에 들어갈 알맞은 말을 찾아 ○표 하세요.

큰 목소리의 마지막 말		주제
"언제나 무슨 일이 일어나면 네 스스로를 먼저 돕도록 하여라. 그렇게 하면 반드시 하늘이 도울 것이다!"	→	어떤 일이든 스스로 할 수 있는 (노력, 희생)을 다해야 한다.

배경지식 **라퐁텐에 대해 알아볼까요?**

▲ 장 드 라퐁텐

　라퐁텐은 1621년 프랑스에서 태어난 우화 작가이자 시인입니다. 우화란 동물 또는 식물에 인간의 감정을 담아, 사람과 똑같이 행동하게 함으로써 교훈을 전달하려고 하는 이야기입니다.

　라퐁텐이 살았을 때, 귀족과 왕족은 매우 호화롭게 살았지만, 백성은 가난하고 어렵게 살았습니다. 라퐁텐은 우화를 쓰며 이러한 세상의 잘못된 점을 지적하려고 했습니다. 그렇게 탄생한 라퐁텐의 우화는 오늘날까지도 많은 어린이들의 사랑을 받고 있답니다.

오늘의 어휘

다음 낱말의 알맞은 뜻을 찾아 선으로 이으세요.

마차 •

• 모든 정성과 힘.

파인 •

• 말이 끄는 수레.

노력 •

• 구멍이나 구덩이가 만들어진.

부디 •

• 어떤 목적을 이루기 위해 힘을 들이고 애를 씀.

최선 •

• 남에게 청하거나 부탁할 때 그 마음이 간절함을 나타내는 말.

1 다음 빈칸에 들어갈 알맞은 말을 오늘의 어휘 에서 찾아 쓰세요.

• 왕은 ☐☐ 에서 내려 백성들을 보았다.

• ☐☐ 선생님께서 내 부탁을 들어주시면 좋겠다.

• 그 놀이터는 바닥에 구멍이 ☐☐ 곳이 많아서 위험하다.

• 효수는 달리기에서 꼴찌가 되지 않으려고 매우 ☐☐ 했다.

• 국가 대표 선수들은 올림픽에서 금메달을 따기 위해 ☐☐ 을 다한다.

2 다음 밑줄 친 낱말과 뜻이 비슷한 말을 ( )에서 찾아 ○표 하세요.

요즘 우리 아파트 단지 안에 있는 꽃밭에 쓰레기가 많이 버려져 있습니다. 꽃밭에 쓰레기가 있으면 보기에도 좋지 않고, 냄새가 날 수도 있습니다. 우리 모두 꽃밭에 쓰레기를 버리지 맙시다. 그리고 꽃밭에 쓰레기가 버려져 있으면 꼭 쓰레기통에 버려 주시기 바랍니다.

(마냥, 부디, 한번)

행운의 여신 | 라퐁텐

장사꾼이 있었습니다. 그는 **행운**의 여신의 도움을 받아 큰 부자가 되었습니다. **폭풍우** 속에서도 여러 차례 살아남았습니다.

하지만 그는 행운의 여신에게 고맙다는 생각을 하지 않았습니다. 모두 자기가 행운을 타고났기 때문이라고만 생각했습니다.

하지만 그의 친구들은 행운의 여신에게 감사의 선물을 바치고 기도도 드렸습니다. 5

장사꾼은 물건을 아주 싸게 사서 배에 잔뜩 실어 놓았다가 때가 되면 비싸게 팔아 많은 돈을 챙길 수 있었습니다.

"나는 누구의 도움도 받지 않았어. 많은 노력을 했지."

그런데 돈을 많이 벌게 되자 그는 **주의**를 기울이지 않고 쉽게 생각했습니다. 10

질이 나쁜 물건을 팔기도 하고, 배가 **풍랑**을 만나 가라앉기도 했습니다.

그는 모아 놓았던 돈을 마구 쓰다가 마침내 알거지가 되고 말았습니다.

그는 한 친구에게 말했습니다.

"아무래도 불행의 신이 내 곁에 가까이 와 있는 모양이야." 15

그러자 친구가 한마디 했습니다.

"자네는 사업이 잘되고 돈을 잘 벌 때는 행운의 여신을 모른 체했네. 자네가 잘못된 것을 신의 탓으로 돌리지 말게. 지금 자네에게 필요한 것은 ⃝ㄱ ."

20

글의 구조

발단 → 전개 → 절정 → 결말

글자 수

| 0 | 200 | 400 | 572 | 600 | 800 |

- **행운**(幸 다행 행, 運 옮길 운)
  좋은 운수. 또는 행복한 운수.

- **폭풍우** 몹시 세찬 바람이 불면서 쏟아지는 큰 비.

- **주의**(注 물댈 주, 意 뜻 의)
  마음에 새겨 두고 조심함.

- **질** 가치, 쓸모, 등급 등과 같은 사물의 근본 성질.

- **풍랑** 바람과 물결.

중심 내용

1 **이 글에서 누가 무엇을 하였는지 선으로 이으세요.**

(1) 장사꾼 •

(2) 장사꾼의 친구들 •

• ㉮ 행운의 여신에게 감사의 선물을 바치고 기도를 드림.

• ㉯ 큰 부자가 된 것이 모두 자신이 행운을 타고났기 때문이라고 생각함.

세부 내용

2 **장사꾼이 알거지가 된 까닭으로 알맞은 것을 모두 고르세요. (,   ,   )**

① 모아 놓았던 돈을 마구 써서

② 배가 풍랑을 만나 가라앉아서

③ 불행의 신에게 기도를 드려서

④ 주의를 기울이지 않고 쉽게 생각해서

⑤ 물건을 비싸게 사서 싼 값에 되팔아서

어휘

3 **이 글에서 장사꾼의 태도와 관련 있는 속담을 찾아 기호를 쓰세요.**

㉮ 작은 고추가 더 맵다

㉯ 원숭이도 나무에서 떨어진다

㉰ 잘되면 제 탓, 못되면 조상 탓

(   )

추론

4 **㉠에 들어갈 친구의 말로 가장 알맞은 것은 무엇인가요? (   )**

① 좀 더 현명해지는 일일세

② 불행의 신을 탓하는 일일세

③ 가난한 사람을 도와주는 일일세

④ 모아 놓았던 돈을 더 쓰는 일일세

⑤ 행운의 여신에게 감사하는 일일세

지문 분석

1 인물 성격   장사꾼의 행동과 말을 통해 알 수 있는 장사꾼의 성격을 찾아 ○표 하세요.

행동	물건을 아주 싸게 샀다가 때가 되면 비싸게 팔아 많은 돈을 챙김.	→
말	"나는 누구의 도움도 받지 않았어. 많은 노력을 했지."	

장사꾼의 성격

• 재치가 있고 긍정적이다.
　　　　　　　　　(　　　)

• 약삭빠르고 잘난 체를 잘한다. 　　　　　　(　　　)

2 주제   이 글의 교훈을 생각하며 빈칸에 들어갈 알맞은 말을 보기 에서 찾아 쓰세요.

보기

불행	행운	실천	효도	감사

중심 내용	행운의 여신의 도움을 받아 큰 부자가 된 장사꾼이 모두 자신의 덕이라며 자만하다가 알거지가 되자 불행의 신을 탓함.

↓

교훈	자만하지 말고 자신의 ❶□□에 대해 ❷□□하자.

❶(　　　　　　) ❷(　　　　　　)

배경지식   **라퐁텐 우화 중 다른 이야기, 「모기의 최후」를 더 읽어 볼까요?**

　사자가 몸을 축 늘어뜨린 채 잠을 자고 있었습니다. 모기는 기회를 잡았다는 듯 사자에게 달려들었습니다. 사자는 모기가 공격을 하자 따가워서 어쩔 줄 몰랐습니다. 사자는 이리저리 뒹굴며 모기를 떼어 내려고 애썼지만 소용이 없었습니다. 모기의 끈질긴 공격이 이어지고 지쳐 버린 사자가 마침내 쓰러지고 말았습니다. 사자와의 싸움에서 모기가 이긴 것입니다. 모기는 기분이 좋아 이리저리 마구 날아다녔습니다. 그러나 기쁨도 잠시, 그만 거미줄에 걸리고 말았습니다. 모기는 덩치 큰 사자는 이겼지만, 결국 자만에 빠져 거미에게 잡아먹히고 말았습니다.

오늘의 어휘

다음 낱말의 알맞은 뜻을 찾아 선으로 이으세요.

질 •   • 좋은 운수.

잔뜩 •   • 바람과 물결.

주의 •   • 마음에 새겨 두고 조심함.

행운 •   • 한도에 이를 때까지 가득.

풍랑 •   • 가치, 쓸모, 등급 등과 같은 사물의 근본 성질.

1 다음 빈칸에 들어갈 알맞은 말을 오늘의 어휘 에서 찾아 쓰세요.

- 그 제품은 [ ]이 정말 좋다.

- 수열이를 만난 것은 [ ][ ]이다.

- 하늘에 먹구름이 [ ][ ] 끼어 있었다.

- 겨울에는 항상 빙판길을 [ ][ ]해야 한다.

- 거센 [ ][ ] 때문에 배가 심하게 흔들렸다.

2 다음 밑줄 친 낱말과 뜻이 반대인 말을 ( )에서 찾아 ○표 하세요.

오늘은 나에게 <u>불운</u>이 겹친 날이었어요. 길을 가다가 갑자기 미끄러져서 넘어졌고, 아무 생각 없이 돌을 찼는데 그 돌이 날아가서 유리창을 깨는 바람에 혼이 났어요. 또, 저녁에는 김밥을 급하게 먹다 체해서 병원까지 갔어요.

(비운, 불행, 행운)

구두 수선공과 은행가 | 라퐁텐

아주 가난한 구두 **수선공**이 살았습니다. ㉠그는 아침부터 저녁까지 열심히 일을 했습니다. 비록 그날 벌어서 그날 먹고사는 어려운 **생활**이었지만, ㉡그의 입에서는 즐거운 노래가 떠나지 않았습니다.

옆집에는 돈이 아주 많은 은행가가 살았습니다. ㉢그는 매일 밤늦게까지 일을 하고 새벽이 되어서야 겨우 눈을 붙이곤 했습니다.

어느 날, 은행가가 구두 수선공을 **초대**했습니다.

"㉣당신은 일 년에 돈을 얼마나 법니까?"

"그저 하루하루 일하고, 그날 번 것으로 생활을 하지요. 손님이 없는 **공휴일**처럼 걱정이 있는 날도 있습니다."

"당신을 위해 내가 돈을 드리겠습니다."

은행가는 구두 수선공에게 돈을 건네주었습니다.

그런데 '저 돈을 누가 가져가면 어떻게 하지?'라는 생각으로 구두 수선공은 그날부터 잠을 이룰 수 없었습니다. 일도 손에 잡히지 않았고, 노래를 부를 마음의 **여유**도 없어졌습니다.

㉤그는 돈을 가지고 은행가의 집으로 갔습니다.

"며칠 동안 이 돈 때문에 잠도 못 자고, 노래도 부르지 못했습니다. 다시 돌려드리겠습니다."

돈을 돌려주자 구두 수선공의 입에서 **저절로** 즐거운 노랫소리가 흘러나왔습니다.

5

10

15

글의 구조
발단 — 전개 — 절정 — 결말

글자 수
552
0   200   400   600   800

- **수선공** 낡거나 고장난 것을 다시 쓸 수 있게 고치는 사람.

- **생활**(生 날 생, 活 살 활) 살림을 꾸려 생계를 이어 나감.

- **초대** 사람을 불러 대접함.

- **공휴일** 국가나 사회에서 정하여 다 함께 쉬는 날.

- **여유** 느긋하고 너그러운 마음의 상태.

- **저절로** 다른 힘을 빌리지 않고 제 스스로. 또는 일부러 힘을 들이지 않고 자연적으로.

지문 독해

중심 소재

1 이 글에서는 무엇을 중심으로 이야기가 펼쳐지고 있는지 쓰세요.

은행가의 □

세부 내용

2 이 글의 내용으로 알맞은 것은 무엇인가요? (   )

① 은행가는 일을 게으르게 하였다.

② 구두 수선공은 종일 일은 안 하고 노래만 불렀다.

③ 구두 수선공의 옆집에는 아주 가난한 은행가가 살았다.

④ 구두 수선공은 그날 벌어서 그날 먹고사는 어려운 생활을 했다.

⑤ 은행가에게서 돈을 받은 구두 수선공은 걱정없이 행복하게 살았다.

표현

3 ㉠~㉤ 중 가리키는 인물이 <u>다른</u> 하나는 무엇인가요? (   )

① ㉠   ② ㉡   ③ ㉢   ④ ㉣   ⑤ ㉤

감상

4 이 글을 읽고 생각한 점을 바르게 말한 것을 찾아 ○표 하세요.

(1) 구두 수선공이 은행가가 준 돈을 좀 더 아껴 썼더라면 행복했을 거야.

(   )

(2) 구두 수선공은 돈보다 즐겁고 여유롭게 사는 삶이 더 중요하다고 생각한 것 같아.

(   )

(3) 은행가가 구두 수선공에게 좀 더 많은 돈을 주었더라면, 구두 수선공은 걱정없이 살 수 있었을 거야.

(   )

지문 분석

1 | 마음 변화 | **다음 상황에 알맞은 구두 수선공의 마음을 찾아 선으로 이으세요.**

그날 벌어서 그날 먹고사는 어려운 생활을 하지만 입에서는 즐거운 노래가 떠나지 않았음.	·	·	즐겁고 행복함.
은행가에게서 돈을 받고 난 뒤 잠을 이룰 수 없었고, 일도 손에 잡히지 않고 노래를 부를 수도 없었음.	·	·	걱정되고 불안함.

2 | 주제 | **이 글의 마지막 내용을 보고, 주제로 알맞은 것을 찾아 ○표 하세요.**

글의 마지막 내용	주제
은행가에게 돈을 돌려주자 구두 수선공의 입에서 저절로 즐거운 노랫소리가 흘러나왔습니다.	• 행복한 인생을 위해 돈을 열심히 벌어야 한다. (　　　) • 돈은 행복의 전부가 아니고, 오히려 큰 걱정이 될 수 있다. (　　　)

배경지식　행복해지려면 어떻게 해야 할까요?

　영국의 한 학자는 '행복지수'라는 것을 만들었어요. 행복지수는 자신이 얼마나 행복한가를 스스로 헤아려 수치로 나타낸 것이에요. 행복지수를 높이려면 어떤 일들을 해야 할까요?

　먼저 가족, 친구들과 함께 충분한 시간을 보내는 것이 좋아요. 믿고 의지할 수 있는 가족, 친구들과 즐거운 시간을 보내다 보면 행복함을 느낄 수 있을 거예요. 그리고 자신이 흥미를 느끼는 것을 찾고, 취미를 만드는 것도 중요해요. 취미는 좋아하는 일을 오래 계속해서 하는 것을 말해요. 취미는 쉬는 시간을 더욱 알차고 재미있게 보낼 수 있게 해 줘요. 또, 적당한 운동을 하고 쉬는 것을 반복하면 행복해질 수 있어요. 이처럼 꼭 돈이 많다고 해서 행복해지는 것은 아니에요. 행복해지는 방법은 참 쉽고 다양하답니다.

오늘의 어휘

다음 낱말의 알맞은 뜻을 찾아 선으로 이으세요.

초대 •

여유 •

공휴일 •

수선공 •

저절로 •

• 사람을 불러 대접함.

• 느긋하고 너그러운 마음의 상태.

• 다른 힘을 빌리지 않고 제 스스로.

• 국가나 사회에서 정하여 다 함께 쉬는 날.

• 낡거나 고장 난 것을 다시 쓸 수 있게 고치는 사람.

1 다음 빈칸에 들어갈 알맞은 말을 오늘의 어휘 에서 찾아 쓰세요.

• ☐☐☐ 에는 도서관 문을 닫는다.

• 구두 ☐☐☐ 이 구두를 고치고 있었다.

• 내일 우리 집에 혜민이를 ☐☐ 할 것이다.

• 수희는 친구들의 응원 소리에 ☐☐☐ 힘이 났다.

• 지혜는 오늘 하루 종일 밀린 숙제를 해야 해서 ☐☐ 가 없다.

2 다음 밑줄 친 낱말과 뜻이 비슷한 말을 ( )에서 찾아 ○표 하세요.

어린이날에는 대통령이 일도 하고 가족들과 함께 생활하는 청와대에 어린이들을 초청하는 행사를 합니다. 어린이들은 청와대에서 대통령이 일하는 집무실도 보고 재미있는 공연도 볼 수 있습니다.

(초대, 방문, 요청)

시

아기의 대답 | 박목월

신규야 부르면,
코부터 **발름발름**
대답하지요.

신규야 부르면,
눈부터 ㉠**생글생글**
대답하지요.

- **발름발름** 탄력 있는 물체가 조금 넓고 부드럽게 자꾸 바라졌다 오므라졌다 하는 모양.

- **대답(對** 대할 대, **答** 대답 답) 부르는 말에 응하여 어떤 말을 함. 또는 그 말.

- **생글생글** 눈과 입을 살며시 움직이며 소리 없이 정답게 자꾸 웃는 모양.

중심 소재

1 이 시에서 아기가 하고 있는 것은 무엇인가요? ( )

① 울음   ② 노래   ③ 낮잠

④ 대답   ⑤ 옹알이

세부 내용

2 아기가 코를 발름발름한 까닭은 무엇인가요? ( )

① 콧물이 흘러서
② 맛있는 냄새가 나서
③ 소리가 잘 안 들려서
④ 숨을 쉬는 것이 답답해서
⑤ 자신을 부르는 소리가 반가워서

표현

3 ㉠'생글생글'은 얼굴에서 어느 부분이 움직이는 모습을 흉내 내는 말인지 두 가지를 찾아 ○표 하세요.

눈	코	입	귀

적용

4 이 시에 나타난 아기의 모습을 빗대어 나타내기에 알맞은 것은 무엇인가요?

( )

① 늠름한 소나무   ② 깊고 푸른 바다
③ 느긋한 바다거북   ④ 사랑스러운 강아지
⑤ 가시가 뾰족한 장미

지문 분석

1 말하는 이

시의 각 부분을 통해 알 수 있는 말하는 이의 마음을 찾아 ○표 하세요.

1연 (1~3줄)	신규야 부르면

2연 (4~6줄)	신규야 부르면

→

말하는 이의 마음

- 아기를 자꾸 부르고 싶은 마음
  (   )
- 아기가 그만 잤으면 좋겠는 마음
  (   )

2 시의 내용

이 시의 내용을 보고 아기의 상황을 짐작하여 (   ) 안에 들어갈 알맞은 말을 찾아 ○표 하세요.

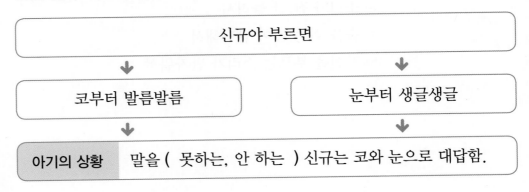

신규야 부르면

↓   ↓

코부터 발름발름	눈부터 생글생글

↓   ↓

아기의 상황	말을 (못하는, 안 하는) 신규는 코와 눈으로 대답함.

배경지식 ## 엄마와 아빠를 꼭 닮은 아기

아기는 엄마와 아빠를 꼭 닮아요. 얼굴이 닮을 수도 있지만, 손이나 발가락이 닮을 수도 있죠. 「아기의 대답」에 나오는 '신규'는 시인의 아들 이름이에요. 아마 시인은 똑같이 생긴 아들이 신기해서 자꾸 이름을 부르는 건 아닐까요?

아래는 박목월 시인이 지은 정말 유명한 동시예요. 엄마를 닮은 송아지가 나오네요.

송아지 송아지 얼룩 송아지
엄마 소도 얼룩소 엄마 닮았네.
송아지 송아지 얼룩 송아지
두 귀가 얼룩 귀 엄마 닮았네.

– 「송아지」

오늘의 어휘

다음 낱말의 알맞은 뜻을 찾아 선으로 이으세요.

아기 •
• 어린 젖먹이 아이.

대답 •
• 부르는 말에 응하여 어떤 말을 함.

부르면 •
• 말이나 행동으로 다른 사람의 주의를 끌면.

발름발름 •
• 눈과 입을 살며시 움직이며 소리 없이 정답게 자꾸 웃는 모양.

생글생글 •
• 탄력 있는 물체가 조금 넓고 부드럽게 자꾸 바라졌다 오므라졌다 하는 모양.

1 다음 빈칸에 들어갈 알맞은 말을 오늘의 어휘 에서 찾아 쓰세요.

- ☐☐ 가 아장아장 걷고 있다.

- 누가 이름을 ☐☐☐ 돌아보게 된다.

- 밥을 먹으라고 불러도 동생은 아무 ☐☐ 이 없었다.

- 정호가 ☐☐☐☐ 웃는 얼굴을 보니 화가 풀렸다.

- 아기는 숨이 차는지 콧구멍을 ☐☐☐☐ 움직인다.

2 다음 밑줄 친 낱말과 뜻이 반대인 말을 ( )에서 찾아 ○표 하세요.

형우: 엄마, 아이하고 아기는 어떻게 달라요?

엄마: 아기는 아주 어린 젖먹이를 가리키는 말이고, 아이는 나이가 어린 사람을 가리키는 말이란다. 형우는 궁금한 게 많아서 늘 질문이 많구나.

(말, 의견, 대답)

지문 분석

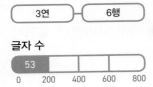

시의 **짜임**

| 3연 | 6행 |

글자 수

53			
0	200	400	600	800

아침 | 김상련

뚜, 뚜,
나팔꽃이 일어나래요.

똑, 똑,
아침 **이슬**이 세수하래요.

방긋, 방긋,
아침 해가 노래하재요.

- **뚜** 나팔 등이 울리는 소리.
- **나팔꽃** 2~3미터 높이까지 덩굴져 올라가는 식물로, 여름에 나팔 모양의 보라색, 붉은색, 재색, 흰색 꽃이 핌.
- **똑** 작은 물체나 물방울 등이 가볍게 아래로 떨어지는 소리. 또는 그 모양.
- **이슬** 공기 중의 수증기가 기온이 내려가거나 찬 물체에 부딪힐 때 엉겨서 생기는 물방울.
- **방긋** 입을 예쁘게 약간 벌리며 소리 없이 가볍게 한 번 웃는 모양.

지문 독해

중심 소재

1 이 시에서 노래하고 있는 것은 무엇인가요? (   )

① 해   ② 아침   ③ 이슬

④ 세수   ⑤ 나팔꽃

세부 내용

2 이 시를 읽고 떠올릴 수 있는 장면이 <u>아닌</u> 것은 무엇인가요? (   )

① 해가 높이 떠오르는 모습

② 이슬비가 내려 우산을 쓴 아이의 모습

③ 아침이 되어 나팔꽃이 활짝 피는 모습

④ 아침에 일어나 세수를 하는 아이의 모습

⑤ 아침 이슬이 나뭇잎 아래로 떨어지는 모습

표현

3 이 시에서 반복되는 말을 모두 고르세요. (,   ,   )

① 해   ② 뚜   ③ 똑

④ 방긋   ⑤ 이슬

감상

4 이 시에 대한 생각이나 느낌을 알맞게 말하지 <u>못한</u> 것을 찾아 ×표 하세요.

(1) 아침의 상쾌한 기분이 느껴져.   (   )

(2) 반복되는 말이 나와서 시가 지루하게 느껴져.   (   )

(3) 나팔꽃, 이슬, 아침 해가 나에게 말을 하는 것 같아.   (   )

지문 분석

1 표현 이 시의 표현 방법을 생각하며 (   ) 안에 들어갈 알맞은 말에 ○표 하세요.

1연(1, 2줄)	나팔꽃이 일어나라고 말함.
2연(3, 4줄)	이슬이 세수하라고 말함.
3연(5, 6줄)	해가 노래하자고 말함.

→ 나팔꽃, 이슬, 해를
(동물, 식물, 사람)
인 것처럼 표현했음.

2 시의 내용 이 시에서 아침에 해야 하는 일의 차례를 생각하며 빈칸에 들어갈 알맞은 말을 보기 에서 찾아 쓰세요.

보기

노래한다   일어난다   세수한다

아침이 되면

❶ □□□□ .
❷ □□□□ .
❸ □□□□ .

❶(   ) ❷(   ) ❸(   )

배경지식 '아침 이슬'을 본 적 있나요?

이슬은 밤에 생긴답니다. 더운 낮에 비해서 밤에는 기온이 내려가는데, 그때 풀잎이나 나뭇잎 위에 있던 수증기가 물방울로 변한 것이 이슬이지요.

밤에는 보이지 않던 이슬이 아침 해가 뜨면 풀잎 위를 또르르 구르면서 아름답게 빛나는 거예요. 그런데 햇살이 뜨거워지면 다시 수증기로 변하기 때문에 금방 사라지게 되지요. 그래서 아침 이슬은 늦잠 자는 어린이는 절대로 볼 수 없답니다.

학교에 일찍 가는 날, 풀밭을 한 번 둘러보세요. 반짝이는 이슬을 찾을 수 있을 거예요.

다음 낱말의 알맞은 뜻을 찾아 선으로 이으세요.

뚜 •

똑 •

이슬 •

세수 •

방긋 •

• 손이나 얼굴을 씻음.

• 나팔 등이 울리는 소리.

• 입을 예쁘게 약간 벌리며 소리 없이 가볍게 한 번 웃는 모양.

• 작은 물체나 물방울 등이 가볍게 아래로 떨어지는 소리. 또는 그 모양.

• 공기 중의 수증기가 기온이 내려가거나 찬 물체에 부딪힐 때 엉겨서 생기는 물방울.

1 다음 빈칸에 들어갈 알맞은 말을 오늘의 어휘 에서 찾아 쓰세요.

• ☐ 나팔 소리가 들려왔다.

• 풀잎에 ☐☐이 맺혀 있다.

• 갑자기 이마에 빗방울이 ☐ 떨어졌다.

• 희재는 늦잠을 자서 ☐☐도 못 하고 학교에 갔다.

• 나와 눈이 마주친 서연이가 ☐☐ 웃으면서 지나갔다.

2 다음 밑줄 친 낱말과 뜻이 비슷한 말을 (　　　)에서 찾아 ○표 하세요.

2020○년 ○○월 ○○일 맑음.
　늦잠을 자는 바람에 우유만 마시고 학교에 갔다. 옆 자리의 서연이가 내 얼굴을 빤히 쳐다보다가 나와 눈이 마주치자 생긋 웃었다. 내 얼굴에 흘러내린 우유가 수염처럼 말라붙어 있었던 것이다.

(쫑긋, 방긋, 힐긋)

지문 분석

비눗방울 | 목일신

비눗방울 날아라.
바람 **타**고 동동동.
구름까지 올라라.
둥실둥실 **두**둥실.

비눗방울 날아라.
지붕 위에 동동동.
하늘까지 올라라.
둥실둥실 두둥실.

시의 짜임

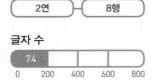

| 2연 | 8행 |

글자 수

74			

0   200   400   600   800

- **비눗방울** 동글동글하게 방울이 진 비누 거품.
- **타고** 바람이나 물결 등에 실려 퍼지고.
- **둥실둥실** 물체가 공중이나 물 위에 가볍게 떠서 계속 움직이는 모양.
- **두둥실** 물 위나 공중으로 가볍게 떠오르거나 떠 있는 모양.

지문 독해

중심 소재

1 이 시는 어떤 모습을 노래하고 있는지 찾아 ○표 하세요.

(1) 비눗방울이 두둥실 나는 모습 ( )

(2) 아이들이 구름을 보며 노래하는 모습 ( )

(3) 구름이 하늘 위로 둥실둥실 떠 가는 모습 ( )

세부 내용

2 말하는 이는 비눗방울이 어디까지 올라가기를 바라는지 두 가지를 고르세요.

(,)

① 옥상 ② 구름 ③ 지붕
④ 하늘 ⑤ 바람

표현

3 이 시에서 반복되는 말이 <u>아닌</u> 것은 무엇인가요? ( )

① 날아라 ② 동동동 ③ 올라라
④ 하늘까지 ⑤ 둥실둥실

감상

4 이 시에 대한 생각이나 느낌을 알맞게 말한 것은 무엇인가요? ( )

① 반복되는 말이 많아서 지루하다.

② 흉내 내는 말이 많아서 복잡하다.

③ 동생과 비눗방울 놀이를 했던 일이 떠오른다.

④ 말하는 이는 비눗방울 놀이를 싫어하는 것 같다.

⑤ 말하는 이는 비눗방울이 터질까 봐 무서워하는 것 같다.

지문 분석

1 시의 운율

이 시의 한 줄을 두 부분으로 끊어 읽을 때, 두 번째 줄과 여섯 번째 줄에서 끊어 읽어야 할 곳에 ∨로 표시하세요.

1연(1~4줄)
비눗방울 ∨ 날아라.
바람 [ ] 타고 [ ] 동동동.
구름까지 ∨ 올라라.
둥실둥실 ∨ 두둥실.

2연(5~8줄)
비눗방울 ∨ 날아라.
지붕 [ ] 위에 [ ] 동동동.
하늘까지 ∨ 올라라.
둥실둥실 ∨ 두둥실.

2 말하는 이

이 시의 내용을 보고 말하는 이의 마음을 짐작하여 ( ) 안에 들어갈 알맞은 말을 찾아 ○표 하세요.

구름까지 올라라 둥실둥실 두둥실.	하늘까지 올라라 둥실둥실 두둥실.
↓	↓

말하는 이의 마음	비눗방울이 가볍게 (낮게, 높이, 가까이) 날아오르기를 바람.

배경지식 비눗방울 놀이를 해 볼까요?

비눗방울 놀이는 어린이들도 어른들도 모두 즐거워하는 놀이지요?

비눗방울은 집에서도 만들 수 있어요. 물과 주방세제를 똑같은 양으로 섞으면 됩니다. 주방세제 대신에 비눗물이나 샴푸를 사용해도 좋아요.

예쁜 비눗방울이 잘 터지지 않게 하기 위해서는 물엿이나 약국에서 파는 글리세린을 넣어야 해요. 그 다음에는 빨대 한쪽 끝에 그 액체를 묻혀 다른 한쪽 끝으로 불기만 하면 된답니다.

오늘의 어휘

다음 낱말의 알맞은 뜻을 찾아 선으로 이으세요.

구름 •   • 바람이나 물결 등에 실려 퍼지고.

타고 •   • 동글동글하게 방울이 진 비누 거품.

두둥실 •   • 물 위나 공중으로 가볍게 떠오르거나 떠 있는 모양.

둥실둥실 •   • 공기 중의 수분이 엉긴 덩어리가 공중에 떠 있는 것.

비눗방울 •   • 물체가 공중이나 물 위에 가볍게 떠서 계속 움직이는 모양.

1 다음 빈칸에 들어갈 알맞은 말을 오늘의 어휘 에서 찾아 쓰세요.

• 하늘에 떠 있는 ☐☐ 모양이 꼭 토끼 같다.

• 우리가 날린 연이 하늘에 ☐☐☐ 떠 있다.

• 유민이가 ☐☐☐☐ 을 후 불어서 터뜨렸다.

• 내가 날린 풍선이 바람을 ☐☐ 하늘로 올라갔다.

• 냇물 위에 종이배들이 ☐☐☐☐ 떠가고 있다.

2 다음 밑줄 친 낱말과 뜻이 비슷한 말을 (   )에서 찾아 ◯표 하세요.

사람이나 사물의 소리나 모양을 나타내는 말을 '흉내 내는 말'이라고 합니다. '구름이 두둥실 떠간다.'라고 할 때, 구름이 떠가는 모습을 흉내 내는 말이 '두둥실'인 것이지요.

(퐁당퐁당, 철썩철썩, 둥실둥실)

지문 분석

개구쟁이 산복이 | 이문구

이마에 땀방울 ㉠**송알송알**
손에는 **땟국**이 ㉡**반질반질**
맨발에 흙먼지 **울긋불긋**
봄볕에 그을려 **까무잡잡**

멍멍이가 보고 엉아야 하겠네.┐
까마귀가 보고 아찌야 하겠네.┘ ㉢

시의 짜임

| 2연 | 6행 |

글자 수

80			
0	200	400	600	800

- **개구쟁이** 심하고 짓궂게 장난을 하는 아이.

- **송알송알** 크기가 작은 땀방울이나 물방울, 열매 등이 많이 맺힌 모양.

- **땟국** 꾀죄죄하게 묻은 때.

- **반질반질** 물체의 겉에 윤기가 흘러 매우 매끄러운 모양.

- **맨발** 아무것도 신지 않은 발.

- **울긋불긋** 진하고 연한 여러 가지 빛깔들이 한데 뒤섞여 있는 모양.

- **까무잡잡** 피부색이 어둡고 짙은.

중심 소재

1 이 시에서 노래하고 있는 것은 무엇인가요? ( )

① 산복이의 모습
② 산복이의 친구들
③ 산복이가 좋아하는 놀이
④ 산복이가 좋아하는 동물
⑤ 산복이가 좋아하는 과일

세부 내용

2 산복이가 까무잡잡한 까닭은 무엇인가요? ( )

① 땀을 닦지 않았기 때문에
② 때가 많이 묻었기 때문에
③ 흙먼지가 얼룩졌기 때문에
④ 피부가 햇볕에 탔기 때문에
⑤ 멍멍이와 같이 놀았기 때문에

표현

3 ㉠, ㉡이 흉내 내는 모양을 찾아 선으로 이으세요.

(1) ㉠ •   • ㉮ 땀방울이 많이 맺힌 모양

(2) ㉡ •   • ㉯ 윤기가 흘러 매우 매끄러운 모양

추론

4 말하는 이가 ㉢처럼 말한 까닭으로 알맞은 것을 찾아 ○표 하세요.

(1) 산복이가 멍멍이와 까마귀와 함께 재미있게 놀고 있어서 (   )

(2) 산복이가 멍멍이와 까마귀의 모습을 똑같이 흉내 내고 있어서 (   )

(3) 산복이가 멍멍이와 까마귀가 인사할 정도로 지저분하고 새까만 모습이어서 (   )

지문 분석

정답과 해설 34쪽

1 시의 내용

이 시의 각 부분이 노래하는 것을 찾아 선으로 이으세요.

1연 (1~4줄)	•	• 강아지가 '엉아야' 하고, 까마귀가 '아찌야' 할 정도로 지저분하고 까무잡잡한 산복이의 모습
2연 (5~6줄)	•	• 이마에 땀방울이 맺히고, 손에는 땟국이 반질반질하고, 맨발에는 흙먼지가 묻은 채 봄볕 아래서 까맣게 그을린 산복이의 모습

2 말하는 이

말하는 이의 생각을 짐작하여 (   ) 안에 들어갈 알맞은 말을 찾아 ○표 하세요.

말하는 이의 생각	산복이를 보고 멍멍이와 까마귀도 말을 걸 것 같음.	→	멍멍이와 까마귀는 자기들과 (반대인, 비슷한) 산복이의 모습에 반가워할 것 같음.

배경지식 시에 나오는 인물의 모습을 상상해 보아요!

시에 나타난 장면이나 인물의 모습을 상상하며 시를 읽으면 훨씬 재미있게 감상할 수 있답니다.

이 시에는 '산복이'라는 인물이 등장합니다. 말하는 이는 봄볕 아래에서 땀을 흘리며 맨발로 놀고 있는 산복이의 모습을 자세하게 표현해 놓았지요. 노는 것에 푹 빠져서 얼마나 까무잡잡하고 지저분해졌는지 강아지가 '엉아야' 하고, 까마귀가 '아찌야'라고 부를 정도라고 했네요. 시의 제목을 왜 「개구쟁이 산복이」라고 지었는지 이해가 되지요? 산복이가 실제로 어떤 모습일지 상상하면서 다시 한 번 시를 읽어 볼까요?

148 | 초등 국어 문학 독해 1단계

오늘의 어휘

다음 낱말의 알맞은 뜻을 찾아 선으로 이으세요.

땟국 •	• 꾀죄죄하게 묻은 때.
맨발 •	• 아무것도 신지 않은 발.
반질반질 •	• 심하고 짓궂게 장난을 하는 아이.
개구쟁이 •	• 물체의 겉에 윤기가 흘러 매우 매끄러운 모양.
울긋불긋 •	• 진하고 연한 여러 가지 빛깔들이 한데 뒤섞여 있는 모양.

1 다음 빈칸에 들어갈 알맞은 말을 오늘의 어휘 에서 찾아 쓰세요.

• 아빠의 구두가 ☐☐☐☐ 빛나고 있다.

• 아이들이 ☐☐로 잔디밭에서 뛰어놀고 있다.

• 나무들이 ☐☐☐☐ 단풍으로 물들었다.

• 엄마께서는 ☐☐이 흐르는 손수건을 빨아 주셨다.

• 동생은 ☐☐☐☐라서 옷이 깨끗할 날이 없다.

2 다음 밑줄 친 낱말과 뜻이 비슷한 말을 ( )에서 찾아 ○표 하세요.

　'미운 아이 떡 하나 더 준다'라는 속담이 있어요. 미운 사람일수록 잘 대해 주어야 삐뚤어지지 않는다는 뜻이랍니다. 말썽꾸러기 친구에게 화를 내거나 쌀쌀맞게 대하는 대신 친절하고 부드럽게 대해 보세요. 그러면 어느새 미운 마음도 사라지고 말썽꾸러기 친구도 내 편이 되어 있을 거예요.

(겁쟁이, 잠꾸러기, 개구쟁이)

재보기 | 문삼석

나랑 키 **재기** 해 보겠니?
기린이 목을
길게 **늘였어요.**

그럼 나랑 코 재기 해 볼래?
코끼리가 투우!
코를 **불었어요.**

㉠그런 것 말고…….
하마가 하아앙! **하품**을 했어요.

나랑 입 재기는 어때?

시의 짜임

4연	9행

글자 수

117

0 200 400 600 800

● **재기** 도구나 방법을 써서 길이, 크기 등의 정도를 알아보기.

● **늘였어요** 원래보다 더 길어지게 했어요.

● **그럼** 앞의 내용을 바탕으로 하여 새로운 주장을 할 때 쓰는 말.

● **불었어요** 코로 숨을 세게 내보냈어요.

● **하품** 졸리거나 피곤하거나 배부르거나 할 때, 저절로 입이 크게 벌어지면서 하는 깊은 호흡.

중심 소재

1 이 시에서 동물들이 하자고 한 것을 모두 고르세요. (,   ,   )

① 키 재기   ② 목 재기   ③ 코 재기

④ 귀 재기   ⑤ 입 재기

세부 내용

2 코끼리가 '투우'라는 소리를 낸 까닭은 무엇인가요? (   )

① 갑자기 나오는 재채기를 참으려고

② 막힌 코를 뚫어서 시원하게 하려고

③ 코로 숨을 내쉬어 코를 길게 하려고

④ 코로 노래할 수 있는 것을 자랑하려고

⑤ 큰 소리를 내서 기린을 놀라게 하려고

표현

3 이 시에서 행동을 나타내는 말의 뜻을 찾아 선으로 이으세요.

(1) 늘였어요 •   • ㉮ 원래보다 길게 했어요.

(2) 불었어요 •   • ㉯ 코로 숨을 내보냈어요.

추론

4 ㉠에 담겨 있는 하마의 생각으로 가장 알맞은 것은 무엇인가요? (   )

① '내가 기린보다 키가 크지.'

② '키와 코 길이 자랑은 좀 시시한데.'

③ '내가 자랑할 수 있는 걸 말해야지.'

④ '코 길이는 나도 코끼리와 비슷할걸.'

⑤ '나도 입 크기는 기린과 비슷하겠지.'

지문 분석

1 인물 특징 　이 시에 나오는 동물들의 특징을 찾아 선으로 이으세요.

기린 ·		· 입이 크다.
코끼리 ·		· 키가 크다.
하마 ·		· 코가 길다.

2 인물 마음 　동물들이 한 말을 보고 동물들의 마음을 짐작하여 (　　　　) 안에 들어갈 알맞은 말을 찾아 ○표 하세요.

기린	코끼리	하마
"나랑 키 재기 해 보겠니?"	"나랑 코 재기 해 볼래?"	"나랑 입 재기는 어때?"
↓	↓	↓

동물들의 마음	모두 자기가 (자신 있는, 처음 하는) 것을 하고 싶어 함.

배경지식 　**누가누가 더 신기하게 생겼을까요?**

　기린은 뿔까지의 높이가 어른 키의 3배 정도나 되는 키 큰 동물입니다. 그래서 높은 곳에 있는 잎도 쉽게 따서 먹을 수 있지요. 그렇지만 기린에게 가장 힘든 일은 물을 마시는 것이에요. 물을 마시려면 다리를 아주 많이 벌려야 하니까요.

　코끼리가 자랑하는 코의 길이는 얼마나 될까요? 코끼리마다 차이가 있지만, 100~150센티미터 정도랍니다. 긴 코로 먹이를 집어 먹는데, 놀랍게도 방울토마토나 땅콩처럼 작은 것도 집을 수 있답니다.

　또 하나 놀라운 것은 하마의 입이랍니다. 하마가 입을 크게 벌리면 그 길이가 90~120센티미터나 된답니다.

오늘의 어휘

다음 낱말의 알맞은 뜻을 찾아 선으로 이으세요.

재기 • • 코로 숨을 세게 내보냈어요.

그럼 • • 원래보다 더 길어지게 했어요.

하품 • • 도구나 방법을 써서 길이, 크기 등의 정도를 알아보기.

불었어요 • • 앞의 내용을 바탕으로 하여 새로운 주장을 할 때 쓰는 말.

늘였어요 • • 졸리거나 피곤하거나 배부르거나 할 때, 저절로 입이 크게 벌어지면서 하는 깊은 호흡.

1 다음 빈칸에 들어갈 알맞은 말을 오늘의 어휘 에서 찾아 쓰세요.

- 고무줄을 조금씩 길게 ☐☐☐☐.
- 떠날 준비가 되었니? ☐☐ 모두 차에 타라.
- 흥분한 황소가 연신 콧김을 ☐☐☐☐.
- 어젯밤에 잠을 설쳤더니 자꾸 ☐☐이 나온다.
- 자를 사용하지 않으면 정확한 길이를 ☐☐ 어렵다.

2 다음 밑줄 친 낱말과 뜻이 반대인 말을 ( )에서 찾아 ○표 하세요.

서안: 엄마, 엄마가 제 바지 줄였어요? 바지가 짧아졌어요.

엄마: 아니, 난 안 줄였는데. 우리 서안이가 몇 달 사이에 많이 컸나 보구나.

서안: 우와, 정말요? 그러면 이제 키가 작아서 못 탔던 놀이 기구도 탈 수 있겠죠?

(잘랐어요, 고쳤어요, 늘였어요)

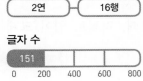

지문 분석

들강달강 | 전래 동요

들강달강 들강달강

서울 길을 올라가서

밤 한 **되**를 사다가

선반 밑에 두었더니

올랑졸랑 생쥐가

들락날락 다 까먹고

밤 한 톨이 남았구나

옹솥에다 삶을까

가마솥에다 삶을까

가마솥에다 삶아서

바가지로 건져서

겉껍질은 누나 주고

속껍질은 오빠 주고

㉠**알맹일랑** 너랑 나랑

알공달공 나눠 먹자

들강달강 들강달강

시의 짜임

| 2연 | 16행 |

글자 수

151			
0	200	400	600	800

- **되** 곡식, 가루 등의 양을 잴 때 쓰는 말.
- **선반** 물건을 얹어 두기 위해 벽에 달아 놓은 긴 널빤지.
- **옹솥** 작고 오목한 솥.
- **가마솥** 아주 크고 우묵한 솥.
- **알맹일랑** 물건의 껍데기나 껍질 속에 들어 있는 부분일랑.

지문 독해

1 중심 내용

이 동요의 중심 내용에 맞게 빈칸에 들어갈 알맞은 말을 쓰세요.

생쥐가 다 까먹고 남은 □ 한 톨을 가마솥에 삶아서, □랑 나랑 나눠 먹겠다고 했다.

2 세부 내용

밤이 한 톨만 남은 까닭은 무엇인가요? ( )

① 서울에서 밤을 한 톨만 사 와서
② 누나가 밤 한 되를 다 삶아 먹어서
③ 서울 가는 길에 밤을 다 흘리고 와서
④ 사람들이 들락날락하며 가져다 먹어서
⑤ 생쥐가 밤 한 톨만 남기고 다 까먹어서

3 표현

이 동요에서 밤을 사이좋게 나눠 먹는 모습을 흉내 내는 말을 찾아 쓰세요.

□□□□

4 적용

㉠에 나타난 말하는 이의 기분과 비슷한 기분을 느낀 친구는 누구인지 쓰세요.

찬수: 음식을 가려서 먹는다고 엄마께 꾸중을 들어 속상했어.
규진: 급식 시간에 나온 밥이 맛있어서 한 그릇을 더 먹고 몹시 배가 불렀어.
정원: 선생님께 받은 소중한 초콜릿 한 개를 짝꿍과 사이좋게 나누어 먹고 흐뭇했어.

( )

지문 분석

1 시의 운율
이 동요에서 반복되는 표현이 주는 느낌을 생각하며 (   ) 안에 들어갈 알맞은 말을 찾아 ○표 하세요.

첫째 줄	들강달강 들강달강	마지막 줄	들강달강 들강달강

↓

반복되는 표현이 주는 느낌	같은 말을 (중간 중간, 처음과 끝)에 반복해서 (책을 읽는, 노래를 부르는) 것처럼 느껴짐.

2 말하는 이
이 동요에서 말하는 이가 하고 싶은 말을 생각하며 빈칸에 들어갈 알맞은 말을 보기에서 찾아 쓰세요.

보기

옹솥	가마솥	겉껍질	속껍질	알맹이

동요의 상황	생쥐 때문에 밤이 한 톨밖에 남지 않음.	→	"귀한 밤이기 때문에 ❶□□□에 삶아서 ❷□□□만 너와 나눠 먹을 거야."

❶(   ) ❷(   )

배경지식 **'밤 한 되'는 얼마나 될까요?**

'되'는 곡식이나 가루 등의 양을 헤아리는 나무 그릇이에요. 지금은 쌀을 마트나 시장에서 사지만, 옛날에는 쌀을 쌀집에서 샀어요. "쌀 다섯 되 주세요."라고 말하면 쌀집 아저씨께서 쌀을 되로 퍼 주시는 거죠. 그래서 요즘도 어른들은 곡식이나 가루 등의 양을 잴 때 '되'라는 말을 쓰기도 해요.

그럼 '밤 한 되'는 얼마나 될까요? 정확한 개수는 헤아리기 어렵지만 꽤 많은 양이에요 그런데 저 많은 밤 중에서 한 톨만 남았다니, 정말 속상했겠네요.

오늘의 어휘

다음 낱말의 알맞은 뜻을 찾아 선으로 이으세요.

되 •　　　• 작고 오목한 솥.

선반 •　　　• 아주 크고 우묵한 솥.

옹솥 •　　　• 곡식, 가루 등의 양을 잴 때 쓰는 말.

가마솥 •　　　• 물건의 껍데기나 껍질 속에 들어 있는 부분.

알맹이 •　　　• 물건을 얹어 두기 위해 벽에 달아 놓은 긴 널빤지.

1 다음 빈칸에 들어갈 알맞은 말을 오늘의 어휘 에서 찾아 쓰세요.

- 엄마는 장에 가서 호두 두 ☐ 를 사 오셨다.

- 나는 작은 ☐☐ 에 끓인 죽을 퍼 담았다.

- 다 같이 나눠 먹을 국을 커다란 ☐☐☐ 에 끓였다.

- 호두는 딱딱한 껍데기를 깨뜨려야 ☐☐☐ 를 먹을 수 있다.

- 동생은 부엌 ☐☐ 위에 올려 둔 꿀단지에서 몰래 꿀을 퍼먹었다.

2 다음 밑줄 친 낱말과 뜻이 반대인 말을 ( )에서 찾아 ○표 하세요.

인터넷에는 정말 많은 정보들이 있어요. 중요하지 않은 정보도 많고, 거짓 정보들도 많이 있지요. 그래서 수많은 정보들 가운데 쪽정이를 골라내고 중요한 정보만 찾아내는 것이 꼭 필요하답니다.

(껍질, 껍데기, 알맹이)

수필·극

우리 동네 | 이해인

　내가 지내는 **수녀원**이 있는 동네, 우리 동네에는 우체국이 골목길에 있습니다. 얼른 눈에 띄지 않지만 ㉠**종종** 일을 보러 가면 직원 모두 친절하게 대해 줍니다.

　오랫동안 수녀원에 오는 **집배원** 아저씨가 있습니다. 이 집배원 아저씨는 안내실에 계시는 수녀님들한테 빵과 차를 **대접**받습니다. 어쩌다가 길에서 자전거를 타고 가는 그분의 ㉡**수수한** 모습을 보면 가족처럼 반갑습니다.

　우리 동네 주민 센터에서 일하는 분들은 친절합니다. 환한 미소를 짓고 **상냥하게** 봉사합니다. 모든 일을 ㉢**신속하게** 처리해 줍니다. 수녀원에는 식구가 워낙 많아서 주민 센터에 볼일 또한 많습니다. 그곳에 심부름을 가는 일은 즐겁습니다. ㉣이래저래 자주 찾게 되는 좋은 이웃입니다.

　우리 동네 **구두점** 아저씨는 마술사의 손을 지녔습니다. 수녀님들이 헌 구두를 들고 가면 고쳐서 ㉤완전히 새것으로 바꾸어 놓습니다. 구두점 아저씨는 성당과 수녀원의 큰 행사에도 참석합니다. 고급 **양화점**이나 백화점에 밀려 장사가 잘 안 된다는 구두점 아저씨네 가족을 위해 나는 늘 기도하는 마음이 가득합니다.

5

10

15

- **수녀원** 수녀들이 함께 생활하면서 수행하는 곳.

- **종종** 가끔. 때때로.

- **집배원** 우편물을 우체통에서 거두어 모으고, 받을 사람에게 배달하는 사람.

- **대접**(待 기다릴 대, 接 이을 접) 음식을 차려 접대함.

- **수수한** 돋보이거나 화려하지 않고 평범하고 검소한.

- **상냥하게** 성질이나 태도가 밝고 친절하게.

- **신속하게** 매우 날쌔고 빠르게.

- **구두점** 구두를 만들거나 고치거나 파는 가게.

- **양화점** 구두를 만들거나 고치거나 팔거나 하는 가게.

지문 독해

중심 소재

1 이 글은 무엇에 대해 이야기하고 있는지 찾아 기호를 쓰세요.

> ㉮ 우리 동네 이웃들
> ㉯ 우리 동네의 수녀원
> ㉰ 우리 동네에서 '내'가 가장 좋아하는 곳

(   )

세부 내용

2 이 글의 내용으로 알맞은 것은 무엇인가요? (   )

① 구두점은 항상 장사가 잘 된다.
② 수녀원에는 사람들이 많이 산다.
③ 우리 동네의 가장 큰 건물 안에 우체국이 있다.
④ 집배원 아저씨는 매일 같은 시간 수녀원에 온다.
⑤ 주민 센터에서는 일을 처리하는 데 시간이 오래 걸린다.

표현

3 ㉠~㉤ 중 다음 뜻으로 쓰인 낱말은 무엇인가요? (   )

> 이런저런 까닭으로.

① ㉠   ② ㉡   ③ ㉢   ④ ㉣   ⑤ ㉤

감상

4 이 글에 대한 느낌을 나타내기에 알맞은 말은 무엇인가요? (   )

① 슬프고 안타깝다.   ② 차갑고 냉정하다.
③ 정답고 따뜻하다.   ④ 느리고 답답하다.
⑤ 불안하고 초조하다.

지문 분석

1 인물 특징 이 글에 나오는 이웃들의 특징을 생각하며 빈칸에 들어갈 알맞은 말을 보기 에서 찾아 쓰세요.

보기

| 수녀원 | 우체국 | 구두점 | 친절한 | 어색한 |

우리 동네 이웃들	우리 동네 이웃들의 특징
❶ ☐☐☐ 직원들, 집배원 아저씨, 주민 센터에서 일하시는 분들, ❷ ☐☐☐ 아저씨	→ 모두들 상냥하고 ❸ ☐☐☐ 분들임.

❶(   ) ❷(   ) ❸(   )

2 인물 마음 다음 우리 동네 이웃에 대한 '나'의 마음을 찾아 선으로 이으세요.

| 집배원 아저씨 | • | • | 아저씨네 가족을 위해 늘 기도함. |
| 구두점 아저씨 | • | • | 수수한 모습을 보면 가족처럼 반가움. |

배경지식 우리 동네 사람들이 함께 이용하는 곳에는 무엇이 있을까요?

문화 센터는 음악회나 전시회를 열고, 다양한 행사를 하는 곳이에요.

보건소에서는 동네를 소독하고, 전염병 예방 주사를 놓는 일을 해요.

체육 센터는 수영장, 탁구장 등 주민들이 운동하는 곳이에요.

경찰서에서는 사회 질서를 지키고 주민의 안전과 재산을 보호해 주어요.

도서관에서는 책과 자료를 모아 두고 주민들이 볼 수 있게 해요.

주민 센터에서는 우리의 불편한 점을 해결해 주고, 여러 서류를 떼어 줘요.

오늘의 어휘

다음 낱말의 알맞은 뜻을 찾아 선으로 이으세요.

종종 • • 가끔. 때때로.

수수한 • • 매우 날쌔고 빠르게.

집배원 • • 성질이나 태도가 밝고 친절하게.

상냥하게 • • 돋보이거나 화려하지 않고 평범하고 검소한.

신속하게 • • 우편물을 우체통에서 거두어 모으고, 받을 사람에게 배달하는 사람.

1 다음 빈칸에 들어갈 알맞은 말을 (오늘의 어휘)에서 찾아 쓰세요.

• 그런 실수는 누구나 ☐☐ 할 수 있다.

• 아빠는 ☐☐☐ 색깔의 옷을 좋아하신다.

• ☐☐☐ 아저씨께서 반가운 편지를 가져다주셨다.

• 나는 놀이터에 가기 위해 숙제를 ☐☐☐☐ 끝냈다.

• ☐☐☐☐ 웃는 진호의 얼굴을 보자 기분이 좋아졌다.

2 다음 밑줄 친 말과 뜻이 비슷한 말을 ( )에서 찾아 ○표 하세요.

두더지는 대부분의 시간을 땅속에서 보내며 지렁이나 땅속에 있는 벌레를 잡아먹고 살아요. <u>가끔</u> 깜깜한 밤이면 땅 위로 나오기도 합니다. 두더지는 눈이 잘 보이지 않는 대신에 냄새를 잘 맡고, 소리를 잘 듣습니다.

(얼른, 자주, 종종)

엄마 | 피천득

[앞부분 이야기] 혼자 거리에 나가 구경하던 '나'는 조금 늦게 집에 들어온다.

"엄마!"

큰 소리로 불렀어요.

여느 날 같으면 엄마가 뛰어나와 안고 들어갈 텐데 웬일인지 모습이 보이지 않았어요.

'숨어 계실까?'

방문을 열어 봐도 엄마가 없었어요.

'옳지, 그럼 **다락방**에 계시겠지.'

발판을 갖다놓고 다락방 문을 열어 봤으나 엄마는 거기에도 없었어요. **건넌방**까지 가 봐도 엄마가 안 계셔서 눈앞이 캄캄하였어요.

"엄마! 엄마! 엄마!"

울음 섞인 목소리로 몇 번이나 불렀어요. 그러나 시계가 재깍거리는 소리밖에 들리지 않았어요.

나는 두 손으로 턱을 괴고 **주춧돌** 위에 앉아서 울었어요.

그러다가 신발을 벗어 들고 **벽장** 안으로 들어갔어요. 나는 그만 잠이 깜빡 들었다가 깼어요. 벽장 안이 캄캄하였어요.

"엄마!"

나는 엄마를 부르며 벽장 문을 발로 찼어요.

벽장 문이 와락 열리자, 엄마가 나를 보고는 끌어안았어요.

"엄마가 너를 얼마나 찾으러 다녔는지 아니? 왜 그리 엄마 ㉠<u>속을 태우니?</u> 어쩌자고 너 혼자 나갔다가 늦게 들어온단 말이니? 그러고는 벽장 안에 숨어 있었어?"

- **여느** 특별하지 않은 그 밖의.
- **다락방** 주로 부엌 위에 이 층처럼 만들어서 물건을 넣어 두는 곳.
- **건넌방** 안방과 마루나 거실을 사이에 두고 맞은편에 있는 방.
- **주춧돌** 기둥 밑에 기초로 받쳐 놓은 돌.
- **벽장** 벽을 뚫어 작은 문을 내고 그 안에 물건을 넣어 두게 만든 장.

지문 독해

중심 내용

1 이 글의 다른 제목으로 알맞은 것을 찾아 ○표 하세요.

(1) 엄마의 어린 시절 　　　　　　　　　　　　　　　　　　(　　)

(2) 내가 좋아하는 놀이 　　　　　　　　　　　　　　　　　(　　)

(3) 엄마와 나의 숨바꼭질 　　　　　　　　　　　　　　　　(　　)

세부 내용

2 이 글에 나오는 장면을 모두 고르세요. (　 , 　 , 　)

① '내'가 울고 있는 장면

② '내'가 깜빡 잠이 든 장면

③ 엄마가 턱을 괴고 있는 장면

④ '내'가 엄마를 찾아다니는 장면

⑤ 엄마가 '나'를 자꾸 부르는 장면

어휘

3 ㉠을 다른 말로 바꾸어 쓸 때 빈칸에 들어갈 알맞은 말을 쓰세요.

"걱정을 시켜 □□을 졸이게 하니?"

추론

4 '내'가 신발을 들고 벽장에 들어간 까닭을 알맞게 짐작해 말한 것을 찾아 기호를 쓰세요.

㉮ 방 안에 있는 벽장에 신발을 들고 들어가다니……. '나'는 신발을 정말 소중하게 생각하나 봐.

㉯ '나'는 아무리 찾아도 보이지 않는 엄마에게 서운한 마음이 든 것 같아. 그래서 순간 자기도 꼭꼭 숨고 싶은 심술이 났나 봐.

(　　　　　　)

지문 분석

정답과 해설 38쪽

1 사건 전개   이 글에서 '내'가 간 곳을 생각하며 빈칸에 들어갈 알맞은 말을 보기 에서 찾아 쓰세요.

보기

| 벽장 | 주춧돌 | 건넌방 | 다락방 |

방문 → ❶ ☐☐☐ → ❷ ☐☐☐ → ❸ ☐☐☐ 위 → 벽장

❶(   )   ❷(   )   ❸(   )

2 인물 마음   다음 상황에서 엄마의 마음으로 알맞은 것을 찾아 ◯표 하세요.

상황	엄마의 마음
엄마는 '내'가 어디 있는지 몰라서 한참을 찾으러 다님.	• '내'가 잘못되었을까 봐 걱정되고 불안함. ( ) • '내'가 또 숨어서 장난을 치는 것 같아서 화가 남. ( )

배경지식   **옛날의 집은 어떤 모습일까요?**

「엄마」의 '내'가 살고 있는 집은 옛날 한옥이에요. 한옥의 큰 마루를 '대청'이라고 합니다. 그리고 '내'가 앉은 주춧돌은 큰 기둥을 받치는 돌인데, '내'가 주춧돌에 앉을 정도라면 작은 어린이겠네요.

또 '나'는 벽장에 들어갔다가 잠이 들었죠? 옛날 집에는 벽장이라는 것이 있었는데, 주로 이불 같은 것을 넣어 두는 곳이에요. 어린 아이들에게는 숨바꼭질하기 딱 좋은 곳이라고 할 수 있어요.

다음 낱말의 알맞은 뜻을 찾아 선으로 이으세요.

여느 • • 특별하지 않은 그 밖의.

벽장 • • 기둥 밑에 기초로 받쳐 놓은 돌.

발판 • • 키를 높이려고 발밑에 받쳐 놓고 그 위에 올라서는 물건.

건넌방 • • 안방과 마루나 거실을 사이에 두고 맞은편에 있는 방.

주춧돌 • • 벽을 뚫어 작은 문을 내고 그 안에 물건을 넣어 두게 만든 장.

1 다음 빈칸에 들어갈 알맞은 말을 오늘의 어휘 에서 찾아 쓰세요.

• 오늘은 ☐☐ 때와 달리 일찍 자리에서 일어났다.

• 엄마는 ☐☐에서 이불을 꺼내 방에 깔아 주셨다.

• 수민이는 안방과 ☐☐☐을 번갈아 바라보았다.

• 집은 허물어졌어도 기둥 아래 ☐☐☐은 남아 있다.

• 아이는 엘리베이터 안 ☐☐ 위에 올라서서 버튼을 눌렀다.

2 다음 밑줄 친 말과 뜻이 비슷한 말을 ( )에서 찾아 ○표 하세요.

오늘 학교에서 영수와 싸웠다. 영수가 또 내 키가 작다고 놀렸기 때문이다.
다른 때 같았으면 그냥 넘어갔을 텐데, 오늘은 내가 좋아하는 아라 앞에서 놀
리니까 너무 속이 상했다.

(어느, 여느, 여기)

글의 구조

발단 — 전개 — 절정 — 결말

글자 수

	546	
0 200	400 600	800

해와 달이 된 오누이

어머니의 목소리를 듣고 문을 열려던 **오누이**가 문틈으로 내다보고 놀란다.

호랑이: (다정하게) 애들아, 맛있는 떡을 가지고 왔어. 문 좀 열어 보렴.
오빠: (무서워서 **오들오들** 떨면서) 어머니가 맞는지 손을 좀 내밀어 보세요.   5

호랑이가 **불쑥** 문 안으로 발을 넣는다.
오빠: (힘주어 말하며) 우리 어머니 손은 털도 없고, 손톱도 뾰족하지 않아요.   10

호랑이가 부엌으로 가서 발톱과 털을 자른다. 그 틈에 오누이는 ㉠<u>살금살금</u> 뒷문으로 도망쳐 높은 나무 위로 올라간다.
호랑이: 얘들아, 그 높은 나무에는 어떻게 올라갔니?
오빠: (**또박또박** 말한다.) 참기름을 바르고 올라왔어요!   15

호랑이가 참기름을 **듬뿍** 바르고 나무에 오르려 한다. 하지만 너무 미끄러워서 주르륵 쿵, **엉덩방아**만 찧는다.
동생: (놀리듯이) 바보! 도끼로 찍고 올라온 것도 모르고!
호랑이: 그렇군. (도끼로 나무를 찍으며) 이 녀석들 어디 보자!   20

호랑이가 나무 위로 점점 올라가 오누이 가까이 다가간다.
오빠, 동생: (하늘을 보고 울면서) 저희를 살리시려거든 튼튼한 **동아줄**을 내려 주시고, 저희를 죽이시려거든 썩은 동아줄을 내려 주세요!

- **오누이** 오라비(오빠 또는 남동생)와 누이(누나 또는 여동생)를 아울러 이르는 말.
- **오들오들** 춥거나 무서워서 몸을 심하게 떠는 모양.
- **불쑥** 갑자기 불룩하게 쑥 나오거나 내미는 모양.
- **또박또박** 말이나 글씨 등이 분명하고 또렷한 모양.
- **듬뿍** 아주 많거나 넉넉한 모양.
- **엉덩방아** 미끄러지거나 넘어져 주저앉으면서 엉덩이를 바닥에 부딪치는 짓.
- **동아줄** 굵고 튼튼하게 꼰 줄.

지문
독해

1 갈래

이 글에 나오는 인물을 모두 쓰세요.

☐☐, ☐☐, ☐☐☐

2 세부 내용

이 글에 나오는 장면은 무엇인가요? (   )

① 호랑이가 어머니의 옷을 뺏어 입는 장면
② 오빠와 동생이 동아줄을 타고 올라가는 장면
③ 오빠와 동생이 나무에 오르다 미끄러지는 장면
④ 호랑이가 도끼로 나무를 찍어 쓰러뜨리는 장면
⑤ 호랑이가 어머니인 것처럼 오빠와 동생을 속이는 장면

3 어휘

㉠과 바꾸어 쓸 수 있는 말은 무엇인가요? (   )

① 가만가만   ② 두근두근
③ 허둥지둥   ④ 헐레벌떡
⑤ 어슬렁어슬렁

4 적용

이 글에 나오는 호랑이와 비슷한 인물을 찾아 ○표 하세요.

(1) 「빨간 모자」에 나오는 늑대   (   )

(2) 「양치기 소년」에 나오는 소년   (   )

(3) 「아기 돼지 삼 형제」에 나오는 막내 돼지   (   )

지문 분석

1 사건 전개   일이 일어난 차례를 생각하며 (   ) 안에 들어갈 알맞은 말을 찾아 ○표 하세요.

> 호랑이는 어머니 목소리를 흉내 내며 (무섭게, 다정하게) 문을 열라고 말함.

↓

> 오빠와 동생은 호랑이가 (손톱과 수염, 발톱과 털)을 자르는 사이에 나무 위로 도망감.

↓

> 호랑이가 (도끼, 사다리)를 이용해서 나무 위로 올라옴.

2 주제   이 이야기의 뒷부분에 이어지는 내용을 보고 알맞은 주제를 찾아 ○표 하세요.

뒷부분에 이어지는 내용	주제
하늘에서 튼튼한 동아줄을 내려 주어 오빠와 동생은 하늘로 올라가고, 호랑이에게는 썩은 동아줄을 내려 주어 하늘로 올라가다가 떨어져 죽게 됨.	• 무서운 동물을 만나면 나무 위로 숨어야 한다. ( ) • 오빠와 동생처럼 포기하지 않으면 어떤 위기도 헤쳐 나갈 수 있다. ( )

배경지식 수숫대가 붉은 까닭은 무엇일까요?

 하늘에서 내려온 동아줄을 타고 올라간 오빠와 동생은 해와 달이 되었다고 해요.

 오빠와 동생을 코앞에서 놓친 호랑이는 자기도 동아줄을 내려 달라고 빌었어요. 그런데 하늘에서 내려온 동아줄은 썩은 동아줄이었고, 동아줄을 타고 올라가다 줄이 끊어지는 바람에 호랑이는 수수밭에 떨어져 죽고 말았지요. 이때 호랑이의 피가 수수밭을 붉게 물들이면서 수숫대가 붉어지게 되었다고 합니다.

오늘의 어휘

다음 낱말의 알맞은 뜻을 찾아 선으로 이으세요.

불쑥 • • 굵고 튼튼하게 꼰 줄.

오누이 • • 오라비와 누이를 아울러 이르는 말.

동아줄 • • 말이나 글씨 등이 분명하고 또렷한 모양.

또박또박 • • 갑자기 불룩하게 쑥 나오거나 내미는 모양.

엉덩방아 • • 미끄러지거나 넘어져 주저앉으면서 엉덩이를 바닥에 부딪치는 짓.

1 다음 빈칸에 들어갈 알맞은 말을 오늘의 어휘 에서 찾아 쓰세요.

- 영수와 영희는 사이좋은 ☐☐☐ 이다.

- 사또는 죄인의 잘못을 ☐☐☐☐ 꾸짖었다.

- 지영이는 ☐☐ 솟아오른 돌멩이에 발이 걸려 넘어졌다.

- 짐칸의 짐들이 움직이지 않게 ☐☐☐ 로 단단히 묶었다.

- 영민이는 빗길에 뛰어가다 미끄러져서 ☐☐☐☐ 를 찧었다.

2 다음 밑줄 친 말과 뜻이 비슷한 말을 ( )에서 찾아 ○표 하세요.

형제는 형과 아우를 가리키는 말이지만, 꼭 남자들로 이루어진 관계만 가리키는 말은 아니에요. 그러니까 남자와 여자 형제로 이루어진 남매, 여자 형제로 이루어진 자매도 모두 형제 사이라고 한답니다.

(오빠, 누이, 오누이)

즐거운 우리 집 | 고성욱

때: 저녁 식사 뒤

곳: 은아네 집의 거실

막이 오르면 아버지와 어머니가 의자에 앉아서 **기사**에 대하여 이야기를 주고받고 있다. 은아가 방에서 나와 아버지 옆에 앉는다.　　　　5

은아: 아빠, 남자 아이들은 어떤 선물을 좋아할까요?

아버지: 그건 왜 묻니?

어머니: (웃으면서) 이번 토요일이 경식이 생일이거든요.

아버지: 옳아, 그래서 경식이에게 선물을 주려고?　　　　10

은아: 네. **이왕이면** 좋아하는 것을 주고 싶어요.

아버지: 남자아이들은 장난감 같은 것을 좋아하지 않을까?

어머니: 아까 경식이가 너한테 전화했었잖아? 뭘 갖고 싶다고 하는 것 같던데…….

아버지: 그러면 그걸 사 주렴. 자신이 원하는 게 가장 좋은 선물이야.　　　　15

어머니: 경식이가 무엇을 갖고 싶다고 했니?

은아: (빙긋 웃으며) 책을 갖고 싶다고 했어요.

아버지: 그래? 경식이가 아주 **의젓하구나**. 그러면 책을 사 주면 되잖아?

은아: 그런데 글쎄, 마지막에 작은 소리로 이렇게 말을 하는 거예요.

어머니: 뭐라고 했는데?　　　　20

은아: ㉠<u>만, 화, 책.</u> 이렇게 말이에요.

㉡<u>가족 모두 웃는다.</u>

아버지: 허허허, 그 녀석 참 귀엽구나.　　　　25

어머니: 호호호.

- **막(幕 막 막)** 연극의 단락을 세는 단위. 한 막은 무대의 막이 올랐다가 다시 내려올 때까지임.
- **기사** 신문이나 잡지 등에서 어떠한 사실을 알리는 글.
- **이왕이면** 어차피 그렇게 할 바에는.
- **의젓하구나** 말이나 행동 등이 점잖고 무게가 있구나.

1 이 글은 연극을 하기 위해 쓴 극본입니다. 연극에서 일이 일어난 때와 곳을 찾아 쓰세요.

(1) 일이 일어난 때: ☐☐ ☐☐ 뒤

(2) 일이 일어난 곳: 은아네 집의 ☐☐

세부 내용

2 이 글의 내용으로 알맞은 것을 모두 고르세요. (　　,　　,　　)

① 은아는 경식이에게 갖고 싶은 것을 말했다.

② 은아네 가족은 거실에 모여 이야기를 나누고 있다.

③ 은아는 경식이가 좋아하는 것을 선물로 주고 싶어 한다.

④ 어머니는 토요일에 있을 은아 생일잔치 준비를 하고 있다.

⑤ 아버지는 선물 받는 사람이 원하는 것이 가장 좋은 선물이라고 말씀하셨다.

표현

3 ㉠을 읽을 때 어울리는 말투는 무엇인가요? (　　　)

① 말끝을 흐리며　　　　　　② 천천히 노래하듯이

③ 큰 소리로 화가 난 듯이　　④ 작은 소리로 웅얼거리며

⑤ 한 글자씩 또박또박 끊어서

추론

4 ㉡에서 가족 모두가 웃은 까닭을 알맞게 짐작한 것을 모두 찾아 ○표 하세요.

(1) 은아가 경식이의 평소 행동을 똑같이 따라 해서　　　　　　　　(　　　)

(2) 은아가 아버지와 어머니가 예상하지 못한 말을 해서　　　　　　(　　　)

(3) 경식이가 갖고 싶어 한 책이 만화책이라는 것을 알게 되어서　　(　　　)

지문 분석

1 소재 의미   이 글의 '만화책'에 대한 설명으로 맞는 것에 ○표, 맞지 않는 것에 ×표 하세요.

만화책 →

- 경식이가 정말 받고 싶어 하는 선물이다.   (   )
- 은아가 경식이에게 주고 싶어 하는 선물이다.   (   )
- 아버지가 경식이를 귀엽다고 말하게 하는 까닭이 된다.   (   )

2 분위기   다음 내용을 보고 이 글의 분위기와 가장 어울리는 낱말을 찾아 ○표 하세요.

제목	즐거운 우리 집
등장인물	아버지, 어머니, 은아
중심 내용	은아가 경식이에게 생일 선물로 무엇을 주어야 할지 부모님과 함께 의논하며 즐겁게 대화를 나눔.

슬프다.   조용하다.   화목하다.   긴장된다.

배경지식   **연극을 하려면 무엇이 필요할까요?**

연극을 본 적이 있나요? 연극이란 무대 위에서 등장인물이 말과 몸짓으로 이야기를 관객에게 전하는 예술을 말해요. 이러한 연극을 하기 위해 쓴 글을 '극본'이라고 해요. 「즐거운 우리 집」도 극본이라고 할 수 있어요.

극본에서는 이야기의 때와 곳, 나오는 사람을 설명해요. 그리고 인물이 직접 하는 말도 나타나 있지요. 「즐거운 우리 집」에서처럼 괄호 안에 들어간 내용은 인물의 행동이나 표정을 나타내는 부분이랍니다.

정답과 해설 **40쪽**

오늘의 어휘

다음 낱말의 알맞은 뜻을 찾아 선으로 이으세요.

막 •	• 어차피 그렇게 할 바에는.
아주 •	• 연극의 단락을 세는 단위.
기사 •	• 보통 정도보다 훨씬 더 넘어선 상태로.
이왕이면 •	• 말이나 행동 등이 점잖고 무게가 있구나.
의젓하구나 •	• 신문이나 잡지 등에서 어떠한 사실을 알리는 글.

1 다음 빈칸에 들어갈 알맞은 말을 오늘의 어휘 에서 찾아 쓰세요.

- 연극의 ☐ 이 오르자 극장 안이 조용해졌다.

- 물통만 꺼냈을 뿐인데 가방이 ☐☐ 가벼워졌다.

- 네 형은 중학생답게 제법 ☐☐☐☐☐.

- 신문에 우리 학교의 행사에 관한 ☐☐ 가 실렸다.

- 민지는 ☐☐☐☐ 자신이 좋아하는 색으로 고르고 싶었다.

2 다음 밑줄 친 말과 뜻이 비슷한 말을 ( )에서 찾아 ○표 하세요.

> 오늘은 우리 반과 옆반 사이에 축구 시합이 있었다. 옆반의 실력이 <u>매우</u> 뛰어나다고 해서 걱정이 좀 되었지만, 우리는 끝까지 잘 싸워서 1:0으로 이겼다. 물론 우리의 승리는 골키퍼였던 나의 활약 덕분이라고 할 수 있다.

(약간, 아주, 꾸준히)

오늘의 어휘 찾아보기

동아출판 초등 무료 스마트러닝

동아출판 초등 **무료 스마트러닝**으로 쉽고 재미있게!

큐브 유형 2-1 동영상 강의

각종 경시대회에 출제되는 응용, 심화 문제를 통해 실력을 한 단계 높일 수 있습니다.

과목별·영역별 특화 강의

수학 개념 강의

국어 독해 지문 분석 강의

구구단 송

그림으로 이해하는 비주얼씽킹 강의

과학 실험 동영상 강의

과목별 문제 풀이 강의

서비스 제공 교재 큐브 | 백점 과학 | 빠작 초등 국어 | 초능력 | 초고필 | 하이탑 초등 과학

바른 독해의 **빠른**시작

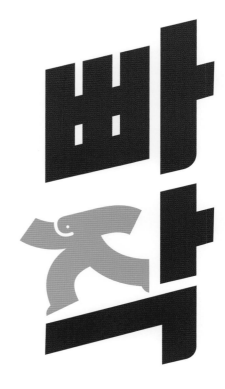

정답과 해설

초등 국어

문학 독해 1단계
1·2학년

동아출판

- **글의 종류** 창작 동화
- **글의 특징** '복실이 엄마'라는 별명이 붙을 만큼 강아지 복실이를 사랑하고 걱정하는 혜주의 이야기를 통해 항상 자식을 걱정하는 엄마의 마음을 느낄 수 있는 글입니다.
- **글의 주제** 자식을 사랑하고 걱정하는 엄마의 마음은 다 똑같다.
- **글 ❶ 중심 내용** 강아지 복실이와 친해 '복실이 엄마'라는 별명이 있는 혜주는 어느 날 오후 동네 언니와 친구들과 백화점에 가서 시간 가는 줄 모르고 놉니다.

013쪽   **지문 독해**

1 복실이 엄마   **2** ②   **3** 복슬복슬   **4** ①, ③

1 혜주의 별명은 복실이 엄마이며, 복실이는 혜주가 키우는 강아지입니다.

2 복실이는 혜주의 둘도 없는 친구입니다.

오답 풀이

① 복실이는 털이 복슬복슬하다고 했습니다.
③ 혜주와 친하기는 하지만 혜주가 백화점에 갈 때 함께 가지는 않았습니다.
④ 복실이는 어떤 때는 낑낑대며 혜주에게 어리광을 부리기도 한다고 했습니다.
⑤ 복실이는 혜주만 보면 반가워서 꼬리를 흔듭니다.

3 '털이 복슬복슬한 강아지'라는 표현에서 알 수 있듯이, 살이 찌고 털이 많아서 귀엽고 탐스러운 모양을 흉내 내는 말은 '복슬복슬'입니다.

유형 공략/표현

흉내 내는 말은 사람이나 사물의 모양, 움직임, 소리 등을 흉내 내어 나타낸 말입니다. 적절한 흉내 내는 말을 사용하면 인물이나 이야기 속 상황을 실감 나고 재미있게 표현할 수 있습니다.

4 복실이는 혜주의 둘도 없는 친구로, 복실이는 혜주만 보면 꼬리를 흔들며 반가워하고, 혜주는 '복실이 엄마'라는 별명이 붙을 정도로 복실이를 좋아하고 있습니다. 복실이와 혜주는 서로 정말 많이 좋아하고 있으므로, 만약 복실이가 사라지면 혜주는 정말 슬퍼할 것입니다.

오답 풀이

② 혜주가 복실이의 어미 개를 찾아 주고 싶어 한다는 내용은 나타나 있지 않습니다.
④ 혜주와 친구들은 인형이 예뻐서 한참을 구경하고 있었던 것입니다.
⑤ 혜주는 백화점에 가서 인형을 구경하느라고 시간 가는 줄 몰랐으므로 복실이를 생각했다고 말할 수 없습니다.

014쪽   **지문 분석**

1

복실이의 행동		복실이의 마음
• 혜주만 보면 꼬리를 흔들며 반가워함. • 혜주에게 낑낑대며 어리광을 부리기도 함.	→	• 혜주가 부러운 마음 ( ) • 혜주가 너무 좋은 마음 (○)

2

어느 날 오후, 혜주는 친구들과 함께 ((백화점), 놀이공원)에 가는 동네 언니를 따라나섬.

↓

아이들은 (버스, (지하철))을/를 타고 정거장을 다섯 개나 지나서 도착함.

↓

아이들은 ((인형), 장난감) 가게 앞에서 시간 가는 줄 모르고 구경을 함.

1 혜주만 보면 꼬리를 흔들며 반가워하고 어리광을 부리기도 하는 복실이의 행동은 상대를 좋아하는 마음을 표현하는 것으로, 이를 통해 복실이가 혜주를 얼마나 좋아하는지 짐작할 수 있습니다. 따라서 복실이가 혜주에게 꼬리를 흔들고 어리광을 부리는 행동은 혜주를 좋아하는 마음을 표현한 것입니다.

2 같은 골목에 사는 초등학교 언니를 쫓아 친구들과 지하철을 타고 정거장을 다섯 개나 지나서 백화점에 간 혜주는 인형 가게 앞에서 시간 가는 줄 모르고 구경을 했습니다.

015쪽   **오늘의 어휘**

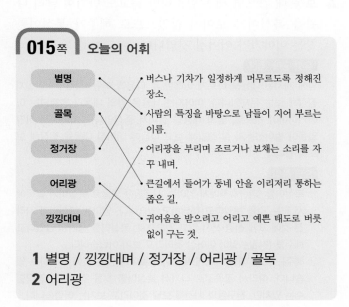

별명	•	• 버스나 기차가 일정하게 머무르도록 정해진 장소.
골목	•	• 사람의 특징을 바탕으로 남들이 지어 부르는 이름.
정거장	•	• 어리광을 부리며 조르거나 보채는 소리를 자꾸 내며.
어리광	•	• 큰길에서 들어가 동네 안을 이리저리 통하는 좁은 길.
낑낑대며	•	• 귀여움을 받으려고 어리고 예쁜 태도로 버릇없이 구는 것.

1 별명 / 낑낑대며 / 정거장 / 어리광 / 골목
2 어리광

• **글 ❷ 중심 내용** 백화점에서 늦게 돌아와 엄마께 단단히 혼이 난 혜주는 엄마가 야속했습니다. 며칠 뒤 혜주는 복실이가 보이지 않자 찾으러 갑니다.

017쪽 지문 독해

1 그날 저녁 **2** ⑤ **3** (1) ⓝ (2) ㉮ **4** ㉝

1 해가 질 무렵 혜주는 갑자기 집 생각이 나서 부랴부랴 집으로 향합니다. 그날 저녁 혜주는 엄마에게 말도 없이 백화점을 간 일 때문에 혼이 납니다. 며칠 뒤 혜주가 학교에서 돌아왔을 때 복실이가 없어진 것을 알게 됩니다.

2 엄마는 혜주가 아무 말도 없이 나가 늦게 들어왔기 때문에 걱정을 많이 하였습니다. 그래서 혜주에게 어딜 가려면 엄마한테 말을 하고 가야 한다고 말하며 야단을 쳤습니다.

（오답 풀이）
① 혜주는 친구들과 함께 지하철을 탔습니다.
② 복실이가 없어진 것은 며칠 뒤의 일입니다.
③ 혜주는 엄마에게 백화점에 간다는 말도 하지 않았으므로 돌아오는 시간을 약속하지도 않았습니다.
④ 엄마가 백화점에 가지 말라고 한 내용은 나타나 있지 않습니다.

3 혜주와 친구들이 백화점을 나와 보니 벌써 해가 '뉘엿뉘엿' 넘어가고 있었습니다. 역에 내린 혜주와 친구들은 '헐레벌떡' 동네로 뛰어갔습니다.

4 보통 때 같으면 혜주 발소리만 듣고도 반기며 달려 나왔을 복실이가 보이지 않았으므로 혜주가 복실이를 찾는 이야기가 이어질 것입니다.

（유형 공략 / 추론）
앞에 제시된 내용을 바르게 이해한 후 다음에 어떤 내용이 이어질지 짐작해 보는 문제입니다. 이어지는 내용은 앞의 내용과 연결되는 이야기이어야 하므로, 앞의 내용을 살펴서 중심인물들 사이에서 어떤 일들이 벌어졌는지 잘 정리해 보고 다음에 이어질 내용을 짐작해 보도록 합니다.

（오답 풀이）
㉮ 복실이를 찾는 혜주에게 엄마는 시큰둥한 얼굴로 복실이가 골목에서 노는 것을 보았다고 대답하고 있습니다. 엄마는 복실이가 사라진 것에 크게 신경 쓰지 않고 있으므로, 복실이를 챙기지 않았다고 혜주를 혼내는 일이 이어질 것이라고 보기 어렵습니다.
㉝ 혜주는 보통 때와 다르게 복실이가 보이지 않는 것에 걱정하고 있습니다. 따라서 골목길로 나가서 복실이를 찾을 것이라고 짐작할 수는 있지만, 친구들과 시간을 보낼 것이라고 보기는 어렵습니다.

018쪽 지문 분석

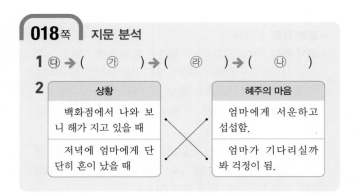

2

상황	혜주의 마음
백화점에서 나와 보니 해가 지고 있을 때	엄마에게 서운하고 섭섭함.
저녁에 엄마에게 단단히 혼이 났을 때	엄마가 기다리실까 봐 걱정이 됨.

1 해가 질 무렵 혜주와 친구들이 동네로 뛰어갔을 때, 동네 골목에서 엄마들이 걱정이 가득한 얼굴로 아이들을 찾고 있었습니다. 혜주 엄마도 혜주를 걱정하며 찾고 있었는데, 혜주가 돌아왔으니 걱정되었던 마음이 안심되면서도 한편으로는 이런 일이 또 일어나면 안 된다고 생각해 그날 저녁 혜주를 혼냈을 것입니다. 며칠 뒤 혜주가 학교에서 돌아왔을 때 복실이가 보이지 않자, 혜주는 복실이를 찾으러 골목길로 나갔습니다.

2 인형에 정신이 팔려 있던 혜주는 갑자기 집 생각이 나서 백화점을 나와 보니, 해가 질 무렵이었습니다. 혜주는 엄마가 기다리실까 봐 걱정이 되어서 부랴부랴 집에 갔습니다. 그날 저녁 엄마에게 혼이 난 혜주는 엄마가 너무 심하게 야단을 치는 것 같아서 야속하게 느껴졌습니다.

019쪽 오늘의 어휘

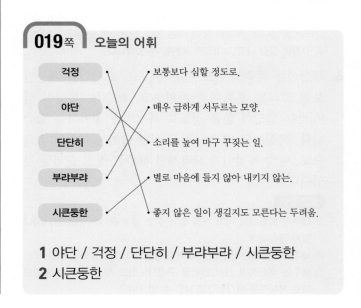

1 야단 / 걱정 / 단단히 / 부랴부랴 / 시큰둥한
2 시큰둥한

- **글 ❸ 중심 내용** 여기저기 복실이를 찾아 헤매다가 다시 집으로 돌아와 복실이를 발견한 혜주가 얼마나 걱정했는지 아냐며 복실이를 다그치자 엄마는 엄마의 마음은 다 똑같은 거라고 말합니다.

021쪽   지문 독해

1 (3) ◯   **2** ①   **3** ㉰   **4** ②

1 혜주는 사라진 복실이를 찾아 헤매면서 얼마 전에 자신이 늦게 들어왔을 때 애타게 걱정하던 엄마의 마음을 깨달았을 것입니다.

> **유형 공략 / 중심 내용**
> 글의 전개상 가장 중요한 핵심 내용을 정리할 수 있어야 합니다. 이야기의 핵심 내용을 잘 파악하면 글의 주제가 무엇인지, 글쓴이가 전하고자 하는 생각이 무엇인지 알 수 있습니다.

> **오답 풀이**
> (1), (2) 혜주는 복실이를 찾으러 큰길까지 가기도 하고, 복실이가 개장수에게 잡혀갔을까 봐 걱정하기도 합니다. 그런데 이 글에서 이것보다 더 중요한 일은 이러한 일을 겪으면서 혜주가 자식을 걱정하는 엄마의 마음을 깨닫게 된 일입니다.

2 혜주는 복실이가 잘못 되었을까 봐 걱정되는 마음으로 복실이를 애타게 찾고 있습니다. 혜주가 복실이를 찾는 동안에는 걱정하는 마음으로 가득했을 뿐 화가 나 있지는 않았습니다.

3 혜주는 복실이를 아무 데서도 찾을 수가 없자 어쩔 수 없이 집으로 돌아가고는 있지만, 복실이에 대한 걱정으로 힘이 없고 발걸음이 무겁습니다.

> **오답 풀이**
> ㉮ 혜주의 발걸음이 무거운 것을 바윗덩어리를 매단 것에 빗대어 표현한 것일 뿐, 실제로 혜주가 다리에 바위를 매단 것은 아닙니다.
> ㉯ 혜주는 머릿속으로 복실이 생각만 했다고 했으므로 다리가 아픈지도 몰랐을 것입니다.

4 혜주는 둘도 없는 친구인 강아지 복실이가 사라지자 복실이 걱정에 슬픔에 잠겨 있다가 복실이가 돌아오자 마음을 놓았습니다. 혜주와 같이 소중한 친구를 잃어버려 걱정하다가 친구가 돌아와 마음을 놓게 된 상황은 ②입니다.

> **오답 풀이**
> ① 강아지가 아파서 슬프고 걱정되는 상황입니다.
> ③ 새 친구를 만나 기쁘고 즐거운 상황입니다.
> ④ 길 잃은 강아지가 빨리 주인을 만나기를 바라는 상황입니다.
> ⑤ 부모님에게 섭섭하고 속상한 상황입니다.

022쪽   지문 분석

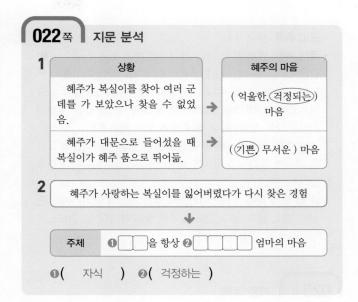

1 혜주는 복실이를 찾지 못했을 때 별별 생각을 하며 많이 걱정했습니다. 그러다가 복실이를 찾는 것을 포기하고 집에 돌아왔는데 복실이가 혜주 품으로 뛰어들었을 때에는 너무 기쁘고 마음이 놓였습니다.

2 혜주는 동네 언니를 따라 백화점에 갔다가 저녁에 들어와 엄마에게 걱정을 끼친 일로 엄마에게 꾸중을 듣고는 엄마를 야속하게 생각했습니다. 그런데 혜주는 복실이를 찾으러 다니면서 복실이가 잘못되었을까 봐 걱정을 하게 됩니다. 이 경험을 통해 혜주는 자신을 항상 걱정하고 사랑하는 엄마의 마음을 깨닫게 됩니다.

023쪽   오늘의 어휘

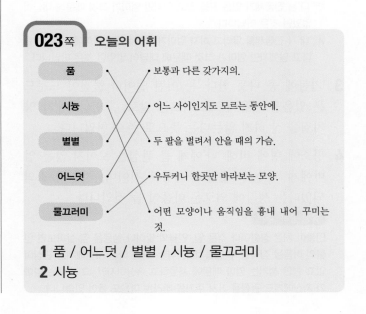

1 품 / 어느덧 / 별별 / 시늉 / 물끄러미
2 시늉

- **글의 종류** 창작 동화
- **글의 특징** 평소 몸이 약한 형만 걱정하고 형만 신경쓰는 것 같은 엄마 때문에 서운한 '나'의 이야기를 통해 아이들이 부모의 사랑과 관심을 얼마나 필요로 하는지 생각해 볼 수 있으며, 더불어 '나'에 대한 엄마의 진심을 통해 자식을 향한 부모의 사랑은 모두 한결같음을 알 수 있게 하는 글입니다.
- **글의 주제** 부모의 사랑과 관심을 항상 원하는 아이들의 마음을 헤아려 주자. / 아이들을 생각하는 부모의 마음은 다 한결같다.
- **글 ❶ 중심 내용** '나'는 이가 아프다는 자신의 이야기에는 관심이 없고 형이 올 시간에 맞추어 닭다리 튀김을 만드느라 정신이 없는 엄마가 야속합니다.

025쪽 **지문 독해**

1 형, 푸대접   **2** ⑤   **3** 가뭄, 콩   **4** ①, ③, ⑤

1 '내'가 이가 아프다고 말하지만 엄마는 형이 먹고 싶다는 닭다리 튀김을 만드느라 '나'에게는 큰 신경을 쓰지 않고 푸대접합니다. 평소에도 엄마가 형만 걱정하고 먼저 챙겨 주는 것 같아 '나'는 서운합니다.

2 엄마는 형이 올 시간에 맞추어 닭다리 튀김을 만드느라 정신이 없어서 진통제를 달라는 '나'의 말에 대답이 없었습니다.

> **오답 풀이**
> ① 엄마가 '나'에게 사분사분하지 않아서 '내'가 서운한 것입니다.
> ② 학원에서 수학 문제를 틀려서 '내'가 속상하다고 했지 엄마가 화가 난 것은 아닙니다.
> ③ '나'는 진통제가 있는 곳을 알고 있지만 엄마가 그것 때문에 대답이 없었던 것은 아닙니다.
> ④ '내'가 진통제를 달라고 하자 엄마가 양치질을 가뭄에 콩 나듯이 한다고 말했지만 엄마가 그것 때문에 대답이 없었던 것은 아닙니다.

3 '가뭄에 콩 나듯 한다.'는 어떤 일이나 물건이 드문드문 있음을 비유적으로 이르는 말로, 그만큼 '내'가 양치질을 잘 하지 않는다는 뜻으로 쓴 표현입니다.

4 평소에 형에 비해 '나'에게 큰 관심을 보이지 않는 엄마에게 '나'는 서운하고 속상할 것이며, 자신이 소외되었다는 생각에 외로운 마음이 들 것입니다.

> **유형 공략 / 추론**
> 인물이 처한 상황이나 겪은 일, 인물의 말이나 행동을 잘 살펴보면 인물의 마음을 짐작할 수 있습니다. '나'는 이가 아픈 자신에게는 관심이 없고 형만 챙기는 엄마 때문에 서운하고 속상하지만, 그 속에는 엄마가 자신에게도 관심을 가져 주기를 바라는 마음도 들어 있습니다.

026쪽 **지문 분석**

1

엄마의 태도
• '내'가 ❶▢▢▢이 먹고 싶다고 하면 자장 라면을 끓여 주심.
• 형이 먹고 싶다는 ❷▢▢▢ 튀김은 바로 만들어 주심.
• 무엇이든 형이 쓰던 ❸▢ 것만 '나'에게 물려주심.
• 형과 '내'가 싸우면 동생이 대들면 안 된다며 '나'부터 야단치심.

❶(자장면)   ❷(닭다리)   ❸(헌)

2

제목		제목의 의미
「우리 집엔 형만 있고 나는 없다」	→	• '나'는 집에 없고, 형만 집에 남아 있다. ( ) • 엄마는 형에게만 관심이 있고, '나'에게는 관심이 없다. (○)

1 엄마는 '내'가 자장면이 먹고 싶다고 하면 자장 라면을 끓여 주면서, 형이 닭다리 튀김이 먹고 싶다고 하니까 바로 닭다리 튀김을 만들어 주십니다. 그리고 '나'에게는 무엇이든 형이 쓰던 헌것만 물려주고 형과 '내'가 싸우면 '나'를 먼저 야단칩니다. 이렇게 평소에 형에게만 잘해 주는 엄마의 행동과 태도 때문에 '나'는 불만이 많고 서운하고 화가 납니다.

2 「우리 집엔 형만 있고 나는 없다」라는 제목은 엄마가 형에게만 관심을 주고, '나'에게는 관심을 주지 않는다는 '나'의 생각이 드러난 것입니다.

027쪽 **오늘의 어휘**

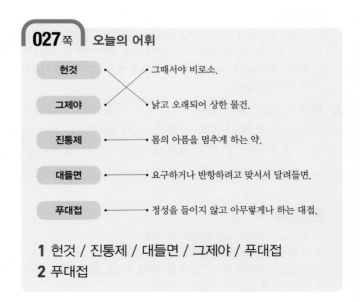

헌것	그때서야 비로소.
그제야	낡고 오래되어 상한 물건.
진통제	몸의 아픔을 멈추게 하는 약.
대들면	요구하거나 반항하려고 맞서서 달려들면.
푸대접	정성을 들이지 않고 아무렇게나 하는 대접.

1 헌것 / 진통제 / 대들면 / 그제야 / 푸대접
2 푸대접

• 글 ❷ 중심 내용 형(선재)이 '나'(민재)만큼 건강하지 않아 걱정인 엄마는 '나'보다 형을 더 신경씁니다. 이가 아프다는 '나'에게 관심을 보이지 않는 엄마 때문에 기분이 상한 '나'는 저녁을 굶으려고 합니다.

029 쪽 │ 지문 독해

1 입, 건강   **2** ①, ④, ⑤   **3** (1) ○   **4** ④

1 엄마가 외할머니와 한 전화 통화 내용을 통해 형이 '나'만큼 건강하지 않아서 엄마가 늘 형을 더 걱정하고 신경쓴다는 것을 알 수 있습니다.

2 '나'는 엄마가 외할머니와 전화할 때 형 걱정만 하는 것, 배우기 싫다는 형은 억지로 검도를 배우게 하면서 자신은 수학 학원만 다니라고 하는 것, 형이 돌아올 시간에 맞추어 저녁을 준비하는 것이 불만입니다.

오답 풀이
② 엄마는 '내'가 아닌 몸이 약한 형에게 억지로 검도를 배우게 하셨습니다.
③ 엄마가 '나'에게 저녁을 빠르게 먹으라고 한 내용은 나타나 있지 않습니다.

3 '그림의 떡'은 아무리 갖고 싶어도 차지하거나 이용할 수 없는 경우를 이르는 말로, '내'가 닭다리 튀김을 먹고 싶어도 먹지 못하기 때문에 쓴 표현입니다.

오답 풀이
(2) '그림의 떡'은 너무 먹고 싶은데 먹을 수 없을 때 사용하는 말입니다.
(3) '그림의 떡'은 아름다운 것을 가리키는 것이 아니라 가지고 싶어도 가질 수 없는 것을 가리킬 때 사용하는 말입니다.

4 형만 걱정하고, 모든 관심이 형에게 쏠려 있는 엄마 때문에 서운한 '나'의 상황과 가장 비슷한 상황에서 비슷한 기분을 느낀 친구는 ⓐ의 형준입니다.

유형 공략/적용
작품 속 인물과 비슷한 기분을 느끼거나 비슷한 경험을 한 친구를 찾는 문제가 많이 출제됩니다. 인물이 처한 상황이 어떠한지를 정확히 파악하고 그 상황에서 인물이 어떤 마음이었을지 생각해 본 뒤 비슷한 상황을 찾아봅니다.

오답 풀이
㉮ '나'는 형만 챙겨 주고 자신에게는 관심을 주지 않는 엄마에게 서운함을 느끼며 화가 나 있습니다. 따라서 엄마를 안쓰럽게 생각하는 윤지와는 다른 기분입니다.
㉰ 지혜가 친구들과 놀고 싶은데 이를 못 하게 해서 기분 상한 경험과 비슷한 '나'의 기분은 이 글에 나타나 있지 않습니다.

030 쪽 │ 지문 분석

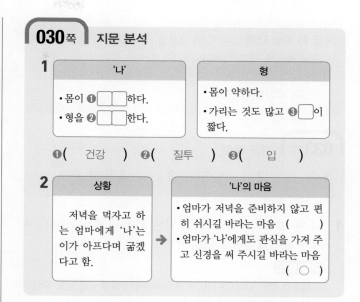

1 '나'는 건강한 반면, 형은 몸이 약한 편이며 가리는 것도 많고 입이 짧습니다. 그렇기 때문에 엄마는 '나'보다는 형을 더 걱정하고 챙기는 것인데, '나'는 그런 형을 질투합니다.

2 '나'는 매번 형에게만 관심을 두는 엄마에게 서운함을 느끼며 자신도 엄마에게 관심받고 싶어 합니다. 그래서 '나'는 저녁을 굶으면 엄마가 마음 아파 하며 자신에게도 관심을 가져 줄 것 같아서 저녁을 굶겠다고 한 것입니다.

031 쪽 │ 오늘의 어휘

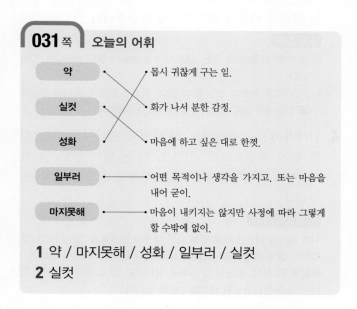

1 약 / 마지못해 / 성화 / 일부러 / 실컷
2 실컷

• 글 ❸ 중심 내용 엄마가 죽 그릇을 가져오자 '나'의 화가 조금씩 풀리게 되고, 외할머니께 '내' 자랑을 하는 엄마의 말을 들으니 '나'는 그동안 엄마한테 신경질 낸 것이 미안해지고 기분이 좋아집니다.

033쪽 지문 독해

1 (3) ○　　**2** ①, ②, ⑤　　**3** ㉺　　**4** 엄마, 형

1 '나'와 엄마의 갈등이 해소되는 과정을 중심으로 이야기가 펼쳐지고 있습니다.

오답 풀이

(1) 엄마가 겪은 일이 아니라 '내'가 엄마와 관련하여 겪은 일을 중심으로 이야기가 펼쳐지고 있습니다.

(2) 외할머니는 엄마와 전화 통화를 하는 인물로, 엄마만 이야기에 직접 나올 뿐, 외할머니는 이야기에 직접 나오지 않습니다.

2 엄마는 외할머니와 통화를 하며 '내'가 잔정도 많고, 속도 깊다고 말합니다. 또, 몸이 약한 형 때문에 엄마가 '나'를 잘 챙겨 주지 못해도 '내'가 할 일을 알아서 하니 공부 빼고는 나무랄 데가 없다고 했습니다.

오답 풀이

③ 엄마는 '내'가 공부 빼고는 나무랄 게 없다고 했으므로 '내'가 공부를 잘하지는 못한다는 것을 알 수 있습니다.

④ '내'가 몸이 아픈 형을 잘 챙긴다는 말은 엄마의 말에서 찾아볼 수 없습니다.

3 ㉺의 속담은 열 손가락 중에 깨물어 아프지 않은 손가락이 없듯이, 부모는 자식이 많아도 전부 소중하게 여긴다는 말이므로, '나'와 형을 똑같이 소중하게 여기는 엄마의 마음을 표현하기에 알맞습니다.

오답 풀이

㉮ 형만 한 아우 없다: 모든 일에 있어서 아우가 형만 못하다는 말입니다.

㉯ 가는 말이 고와야 오는 말이 곱다: 자기가 남에게 말이나 행동을 좋게 하여야 남도 자기에게 좋게 한다는 말입니다.

4 엄마가 '나'도 걱정하고 '나'에게도 관심이 있다는 것을 알게 되었으므로, 앞으로 '나'는 엄마 말도 잘 듣고, 형과 사이좋게 잘 지낼 것이라고 짐작해 볼 수 있습니다.

유형 공략 / 추론

뒤에 이어질 내용은 바로 앞에 나온 내용과 연결될 수 있어야 합니다. 그리고 글의 흐름상 어울리는 내용이어야 합니다. 따라서 이야기가 어떻게 펼쳐지고 있는지 그 흐름을 살펴보고, 앞의 내용과 이어질 만한 것이 어떤 내용일지 생각해 보도록 합니다.

034쪽 지문 분석

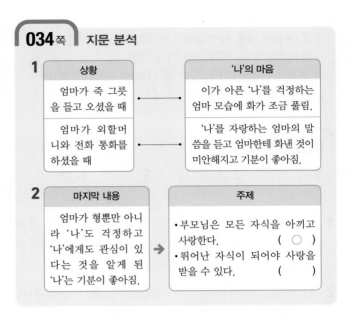

1

상황	'나'의 마음
엄마가 죽 그릇을 들고 오셨을 때	이가 아픈 '나'를 걱정하는 엄마 모습에 화가 조금 풀림.
엄마가 외할머니와 전화 통화를 하셨을 때	'나'를 자랑하는 엄마의 말씀을 듣고 엄마한테 화낸 것이 미안해지고 기분이 좋아짐.

2

마지막 내용	주제
엄마가 형뿐만 아니라 '나'도 걱정하고 '나'에게도 관심이 있다는 것을 알게 된 '나'는 기분이 좋아짐.	• 부모님은 모든 자식을 아끼고 사랑한다. (○) • 뛰어난 자식이 되어야 사랑을 받을 수 있다. ( )

1 '나'는 엄마가 죽 그릇을 가지고 오셨을 때 '나'를 걱정하고 있는 모습에 화가 조금 풀립니다. 외할머니께 '내' 자랑을 하는 엄마의 말을 듣고, '나'는 그동안의 오해를 풀고, 엄마에게 화낸 것을 미안해합니다.

2 엄마는 배가 아프다는 '나'에게 죽을 끓여다 주고, 내일 치과도 가자며 친절하게 말해 줄 뿐만 아니라, 외할머니와 전화 통화하면서 '나'를 자랑합니다. 이를 본 '나'는 엄마가 형뿐만 아니라 자신도 무척 사랑한다는 것을 알게 됩니다. 이러한 '나'의 경험을 통해 부모는 모든 자식을 아끼고 사랑한다는 주제를 전하고 있습니다.

035쪽 오늘의 어휘

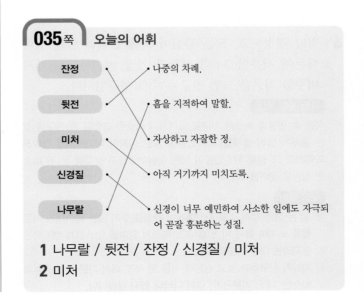

잔정	•	• 나중의 차례.
뒷전	•	• 흠을 지적하여 말할.
미처	•	• 자상하고 자잘한 정.
신경질	•	• 아직 거기까지 미치도록.
나무랄	•	• 신경이 너무 예민하여 사소한 일에도 자극되어 곧잘 흥분하는 성질.

1 나무랄 / 뒷전 / 잔정 / 신경질 / 미처
2 미처

• **글의 종류** 창작 동화
• **글의 특징** 앞을 보지 못하는 영미의 길잡이 개 단비가 영미 곁을 든든히 지켜 주며 겪는 일을 통해 장애인들이 일상생활 속에서 겪는 어려움에 대해 생각해 볼 수 있게 하는 글입니다.
• **글의 주제** 몸이 불편한 친구들을 일상생활 속에서 배려하자.
• **글 ❶ 중심 내용** 앞을 보지 못하는 영미의 길잡이이자 친구인 단비는 영미가 편안히 생활할 수 있도록 영미의 곁을 든든히 지켜 줍니다.

037쪽　지문 독해

1 길잡이, 친구　　**2** ②　　**3** ⑤　　**4** ④

1 단비는 앞을 보지 못하는 영미의 길잡이이자 친구가 되라고 아빠가 비싼 값을 치르고 사 온 진돗개입니다.

2 영미는 네 살 때 열병을 앓은 이후로 앞을 볼 수가 없는 시각 장애인이 되었습니다.

유형 공략 / 세부 내용
원인은 어떤 사물이나 상태가 바뀌게 만드는 근본이 된 일이나 사건을 말합니다. 결과는 어떤 원인으로 생긴 것, 또는 그런 상태를 말합니다. 하나의 원인이 하나의 결과로 끝나는 경우도 있지만, 원인과 결과의 관계가 꼬리에 꼬리를 물고 이어지기도 합니다.

3 단비는 사람들을 도와주고 사람들에게 필요한 일을 하기 위해 특별한 훈련을 많이 받았습니다.

오답 풀이
① 사람을 물지 않기 위해서가 아니라 사람들을 도와주고 보호해 주기 위해 훈련을 받았습니다.
② 단비는 단순히 집만 지키는 동물이 아닙니다. 사람들을 돕고 사람들에게 필요한 일을 하려고 특별한 훈련을 받은 개입니다.
③ 다른 불쌍한 개들이 아니라 사람들을 돕기 위해 훈련을 받았습니다.
④ 사람들을 돕기 위한 훈련을 받은 것이지 사람처럼 생활하는 방법을 익히는 훈련을 받은 것은 아닙니다.

4 단비는 앞을 보지 못하는 영미의 길잡이가 되어 줄 만큼 똑똑하고, 영미 걸음에 맞춰 걸어 줄 만큼 배려심도 많습니다.

오답 풀이
① 영미를 대하는 태도는 순하게 느껴지지만 느긋한 모습은 찾기 어렵습니다.
② 영미를 대하는 태도에서 사나운 모습은 찾을 수 없습니다.
③ 영미의 길잡이가 되어 줄 만큼 영리하기는 하지만 영미를 배려하는 모습에서 이기적인 모습은 찾기 어렵습니다.
⑤ 영미의 상태를 꼼꼼히 살피는 모습에서 집중력이 뛰어나다고 느껴집니다.

038쪽　지문 분석

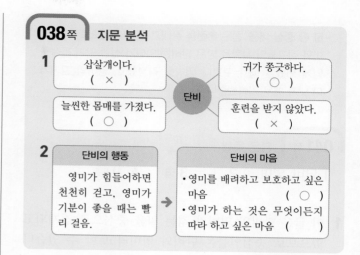

1
| 삽살개이다. (×) | | 귀가 쫑긋하다. (○) |
| 늘씬한 몸매를 가졌다. (○) | 단비 | 훈련을 받지 않았다. (×) |

2
| 단비의 행동 | 단비의 마음 |
| 영미가 힘들어하면 천천히 걷고, 영미가 기분이 좋을 때는 빨리 걸음. | • 영미를 배려하고 보호하고 싶은 마음 (○)
• 영미가 하는 것은 무엇이든지 따라 하고 싶은 마음 ( ) |

1 단비는 쫑긋한 귀와 말려 올라간 꼬리, 늘씬한 몸매를 가진 진돗개입니다. 그리고 사람들을 도와주고 사람들에게 필요한 일을 하기 위해 특별한 훈련을 받았습니다.

2 단비는 사람들을 도와주고 사람들에게 필요한 일을 하기 위해 훈련받은 개입니다. 그래서 단비는 앞을 볼 수 없는 영미의 길잡이 개로서 영미를 도와주고 보호해 주고 있습니다. 영미가 힘들어하면 천천히 걷고, 기분이 좋을 때는 빨리 걷는 단비의 행동은 영미의 상황이나 기분에 맞추어 주는 행동으로, 영미를 배려하고 보호하려는 마음에서 나온 행동인 것입니다.

039쪽　오늘의 어휘

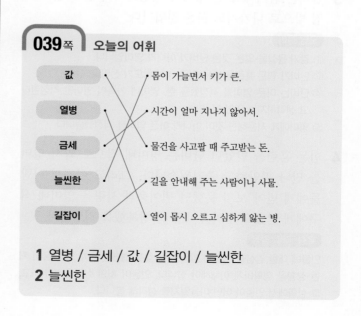

값		몸이 가늘면서 키가 큰.
열병		시간이 얼마 지나지 않아서.
금세		물건을 사고팔 때 주고받는 돈.
늘씬한		길을 안내해 주는 사람이나 사물.
길잡이		열이 몹시 오르고 심하게 앓는 병.

1 열병 / 금세 / 값 / 길잡이 / 늘씬한
2 늘씬한

• 글 ❷ 중심 내용 힘든 훈련을 끝내고 영미네 집으로 와서 영미와 식구들의 사랑을 받은 단비는 영미가 심한 감기 몸살을 앓게 되었을 때 누구보다 영미를 걱정했고, 영미의 감기가 다 낫자 매우 기뻐했습니다.

041쪽 지문 독해

1 단비, 영미 **2** ㉮ **3** ③ **4** (1) ○

1 이 글은 단비와 영미가 겪는 일을 중심으로 전개되고 있으므로 중심인물은 단비와 영미라고 할 수 있습니다. 단비는 영미가 감기 몸살을 앓았을 때 밥도 안 먹고, 집 밖으로 나가지도 않을 만큼 걱정을 하다가 영미가 다 낫자 가장 기뻐할 정도로 영미를 좋아하고 따르는 인물입니다.

2 힘든 훈련을 끝내고 영미네 집으로 오게 된 단비는 영미네 식구들에게 사랑을 받으며 행복하게 지냅니다. '고생 끝에 낙이 온다'는 어려운 일이나 고된 일을 겪은 뒤에는 즐겁고 좋은 일이 생긴다는 말로, ㉠의 상황에 어울리는 속담입니다.

> **오답 풀이**
> ㉯ 소 잃고 외양간 고친다: 소를 도둑맞은 다음에서야 빈 외양간의 허물어진 곳을 고치느라 수선을 떤다는 뜻으로, 일이 이미 잘못된 뒤에는 손을 써도 소용이 없음을 비꼬는 말입니다.
> ㉰ 돌다리도 두들겨 보고 건너라: 잘 아는 일이라도 세심하게 주의를 하라는 말입니다.

3 단비는 감기에 걸린 영미가 걱정되어서 밥도 안 먹고 집 밖으로 나가지도 않은 것입니다.

> **오답 풀이**
> ① 감기 몸살을 앓은 것은 단비가 아니라 영미입니다.
> ② 단비가 힘든 훈련을 받은 것은 영미네 오기 전입니다.
> ④ 단비는 아픈 영미를 걱정했을 뿐, 영미네 가족이 영미만 걱정한다고 생각하지는 않았습니다.
> ⑤ 영미에게 서운한 것이 아니라 아픈 영미를 걱정했습니다.

4 힘든 훈련을 받았던 단비는 영미네 집으로 와서 영미를 만나 편안하고 즐거웠습니다. 그리고 이제껏 사람들에게 받아 보지 못했던 귀여움과 사랑을 영미네 식구에게 받았으니 마음이 무척 행복했을 것입니다.

> **유형 공략 / 감상**
> 인물에 대한 감상을 알맞게 말한 것을 찾을 때에는 먼저 그 인물이 처한 상황을 정확하게 이해해야 합니다. 인물이 처한 상황을 파악하고, 그 상황에서 인물이 어떤 마음일지를 생각해 봅니다.

042쪽 지문 분석

1 (㉭) ➔ (㉮) ➔ ㉯ ➔ (㉰)

2

상황		단비의 마음
영미뿐 아니라 온 식구가 단비를 귀여워함.	➔	((행복한), 미안한) 마음
영미가 감기에 걸려 며칠 동안 꼼짝 못 하고 방 안에만 누워 있음.	➔	(서운한, (걱정되는)) 마음

1 단비는 몸이 불편한 사람들을 도와주기 위해 고된 훈련을 받고 영미네 집으로 와서 영미네 식구들의 사랑을 받았습니다. 그러던 어느 날 영미가 감기 몸살을 앓게 되자 단비는 영미를 무척 걱정합니다. 영미가 나은 뒤에 단비는 누구보다 기뻐하고, 영미와 단비는 나들이를 갑니다.

2 단비는 영미네 집에 오기 전에는 힘든 훈련을 받으며 사람들의 사랑이나 귀여움을 받아 보지 못했습니다. 그런데 영미네 집에 와서 이제껏 사람들에게 받아 보지 못한 사랑과 귀여움을 받게 되었으므로 무척 행복했을 것입니다. 그리고 단비는 영미의 길잡이 개이자 친구로서 영미와 모든 일을 함께하고 서로 아끼며 좋아하는 사이였기 때문에, 영미가 감기 몸살로 심하게 앓고 있을 때에는 걱정이 되고 마음이 초조했을 것입니다.

043쪽 오늘의 어휘

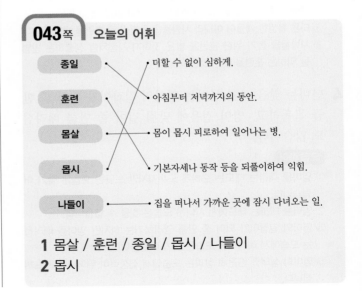

1 몸살 / 훈련 / 종일 / 몹시 / 나들이
2 몹시

• **글 ❸ 중심 내용** 단비 뒤를 따라서 길을 걷던 영미는 신호가 바뀌어 차들이 빵빵거리자 길 가운데에 멈춰 서 버립니다. 단비가 움직이려는 차를 향해 으르렁대자 차들이 멈추고 단비와 영미가 건널 때까지 기다려 주었습니다.

045쪽　지문 독해

1 (3) ○　**2** ③　**3** ②　**4** ㉲

1 빨간불이 들어와도 차들이 몸이 불편한 영미를 기다려 주고 배려해 준 것이 이 글에서 가장 중요한 일이고, 작가가 이 글을 통해 전하고자 하는 주제와도 연관 있다고 할 수 있습니다.

오답 풀이
⑴ 신호가 바뀌자 차들이 빵빵거린 일은 영미와 단비에게 닥친 위기 상황으로, 이 글에서 일어난 일 중 하나일 뿐 주제를 드러내는 가장 중요한 일은 아닙니다.
⑵ 단비가 건널목을 건너게 되는 상황으로, 이 글에서 일어난 일 중 하나일 뿐, 주제를 드러내는 가장 중요한 일은 아닙니다.

2 빨리 지나가라고 차들이 빵빵거리자 영미는 놀라고 무서워서 길 한가운데 멈춰 섰습니다.

유형 공략 / 세부 내용
이야기에는 등장인물의 마음이나 성격 등이 나타나 있습니다. 인물의 마음이나 성격이 글에 직접적으로 써 있기도 하고, 등장인물의 말과 행동을 통해 어떤 마음이나 성격을 지녔는지 짐작해 보아야 하는 경우도 많습니다.

3 단비는 차들이 움직이려고 하자 영미를 보호하기 위해 움직이려는 차를 향해 으르렁거립니다.

오답 풀이
① 차들이 과속을 했다는 내용은 나타나 있지 않습니다.
③ 움직이는 차를 멈추게 하기 위해 으르렁거린 것입니다.
④ 차들이 빵빵거리는 소리에 영미가 놀라자 영미를 보호하기 위해 으르렁거린 것이지 그 소리가 작아서 으르렁거린 것은 아닙니다.
⑤ 신호가 바뀌고 차들이 움직이려고 해서 으르렁거린 것입니다.

4 이 글에서는 단비나 차에 탄 사람들 모두 몸이 불편하거나 어려움에 처한 사람을 도와주고, 배려해 주는 모습을 보이고 있습니다. 따라서 몸이 불편한 친구들을 배려하고 도와주는 경험을 이야기한 ㉲가 이 글과 가장 비슷한 경험을 말한 것입니다.

오답 풀이
㉮, ㉯ 단비와 영미는 신호를 지키며 횡단보도로 건너고 있으므로, ㉮와 ㉯의 경험은 이 글의 경험과는 관련이 없습니다.

046쪽　지문 분석

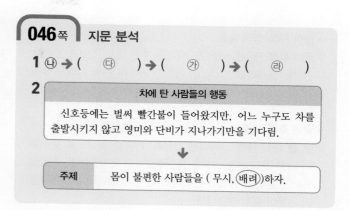

1 ㉯ ➡ (㉰) ➡ (㉮) ➡ (㉳)

2

차에 탄 사람들의 행동
신호등에는 벌써 빨간불이 들어왔지만, 어느 누구도 차를 출발시키지 않고 영미와 단비가 지나가기만을 기다림.

⬇

주제	몸이 불편한 사람들을 (무시, (배려))하자.

1 단비가 건널목에서 조심스럽게 발을 내딛고, 영미가 단비 뒤를 따라 조심스럽게 길을 건넙니다. 그런데 신호가 바뀌어 차들이 빵빵거리기 시작합니다. 빵빵거리는 소리에 영미가 놀라서 멈춰 서자 단비는 영미 옆으로 와서 영미를 보호하기 위해 흰 이빨을 드러내며 움직이려는 차들을 향해 으르렁거립니다. 사람들은 영미의 몸이 불편하다는 것을 알아차리고 차를 멈추고 단비가 영미를 데리고 건너는 모습을 지켜보며 단비와 영미를 기다려 주었습니다.

2 차를 빵빵거리던 사람들이 단비가 으르렁거리며 영미 주변을 맴돌자, 영미의 눈이 불편하다는 것을 알아차리고 어느 누구도 차를 출발시키지 않고 영미와 단비가 지나가기를 기다립니다. 이렇게 영미를 배려하는 모습을 통해 몸이 불편한 사람들을 배려하자는 주제를 전하고 있습니다.

047쪽　오늘의 어휘

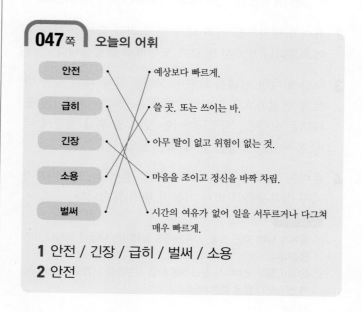

안전	예상보다 빠르게.
급히	쓸 곳. 또는 쓰이는 바.
긴장	아무 탈이 없고 위험이 없는 것.
소용	마음을 조이고 정신을 바짝 차림.
벌써	시간의 여유가 없어 일을 서두르거나 다그쳐 매우 빠르게.

1 안전 / 긴장 / 급히 / 벌써 / 소용
2 안전

- **글의 종류** 창작 동화
- **글의 특징** 가족은 심부름만 시키고, 혼만 내고, 잔소리만 하는 귀찮은 존재라고 생각했던 아이가 가족이 진짜 사라져 버리자 가족의 소중함을 깨닫고 가족에게 감사하게 되는 이야기입니다.
- **글의 주제** 가족의 소중함을 알고 가족을 사랑하자.
- **글 ❶ 중심 내용** 도깨비는 자신을 구해 준 보답으로 윤이에게 가장 먼저 비는 소원을 들어주겠다고 약속합니다. 집으로 돌아온 윤이는 엄마의 잔소리와 할머니, 할아버지의 심부름에 기분이 좋지 않습니다.

049쪽 지문 독해

1 ② **2** 꼬마 도깨비 **3** (1) ㉯ (2) ㉮ **4** (3) ○

1 이 글에서는 '도깨비'라는 상상 속의 인물과 윤이, 윤이 엄마, 윤이 할머니 등이 등장하고 있습니다.

유형 공략 / 갈래
동화, 시, 수필, 희곡 등 글의 종류에 따른 특징을 파악할 수 있어야 합니다. 동화에서는 어떤 인물이 등장하는지, 사건이 어떻게 전개되고 있는지, 이야기의 배경은 어떠한지 등을 잘 파악해 봅니다.

오답 풀이
① 윤이와 도깨비, 엄마, 할아버지와 할머니 등이 등장합니다.
③ 빗자루가 꼬마 도깨비로 변한 것일 뿐 이 글에서 빗자루의 특징을 설명하고 있지는 않습니다.
④ 연못에서 윤이가 빗자루를 건져 내고, 이 빗자루가 꼬마 도깨비로 변하는 일이 벌어집니다. 그리고 윤이의 집에서는 엄마의 잔소리와 할머니, 할아버지의 심부름이 이어집니다. 따라서 장소는 연못에서 집으로 바뀌었습니다.
⑤ 글쓴이가 직접 겪은 일이 아니라 상상하여 지어낸 이야기입니다.

2 윤이가 빗자루를 건져 내자 펑 소리와 함께 연기가 피어오르더니 빗자루가 꼬마 도깨비로 변했습니다.

3 모양에 대한 설명을 보면서 모양을 흉내 내는 말을 바르게 연결하도록 합니다. '삐죽'은 못마땅하여 입술을 내미는 모양을, '둥둥'은 어떤 것이 물 위나 공중에 떠서 움직이는 모양을 흉내 내는 말입니다.

4 윤이는 엄마가 잔소리부터 하고 할머니, 할아버지가 자꾸 심부름을 시키자 기분이 좋지 않습니다.

오답 풀이
(1) 윤이가 낮에 겪은 일을 가족들에게 말했다는 내용은 나타나 있지 않습니다.
(2) 윤이가 집에 오자마자 잔소리를 하고 심부름을 시켰으므로 윤이에게 신경쓰지 않은 것은 아닙니다.

050쪽 지문 분석

1
윤이가 ((연못), 우물)에서 빗자루를 건져 냄.
↓
(윤이, (빗자루))가 꼬마 도깨비로 변함.
↓
꼬마 도깨비가 윤이에게 ((소원), 잔소리)을/를 들어주겠다고 함.

2

이야기의 상황	윤이의 마음
윤이가 빗자루를 건져 내자 꼬마 도깨비가 나타나 가장 먼저 비는 소원이 이루어질 것이라고 말하고 사라짐.	• 자신이 찾은 빗자루가 사라져서 화가 남. ( ) • 도깨비를 본 것이 믿기지 않고 어리둥절함. (○)

1 윤이는 연못에 둥둥 떠 있는 이상한 빗자루를 보고 연못으로 들어가 빗자루를 건져 냈습니다. 이때, '펑' 하는 소리와 함께 빗자루가 꼬마 도깨비로 변했습니다. 꼬마 도깨비는 보답으로 윤이가 가장 먼저 비는 소원이 이루어질 것이라고 말합니다.

2 윤이는 무엇에 홀린 것 같다면서 도깨비랑 이야기를 주고받았는데도 믿어지지 않는다고 했습니다. 따라서 윤이는 자신이 건져 낸 빗자루가 꼬마 도깨비로 변하고, 또 꼬마 도깨비가 가장 먼저 비는 소원을 이루어 주겠다고 한 일이 믿기지 않고 어리둥절한 마음일 것입니다.

051쪽 오늘의 어휘

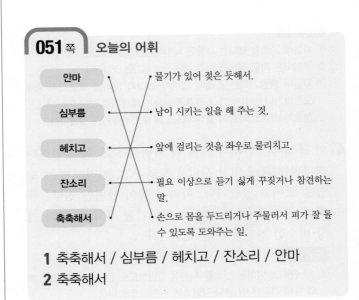

안마	물기가 있어 젖은 듯해서.
심부름	남이 시키는 일을 해 주는 것.
헤치고	앞에 걸리는 것을 좌우로 물리치고.
잔소리	필요 이상으로 듣기 싫게 꾸짖거나 참견하는 말.
축축해서	손으로 몸을 두드리거나 주물러서 피가 잘 돌 수 있도록 도와주는 일.

1 축축해서 / 심부름 / 헤치고 / 잔소리 / 안마
2 축축해서

• **글 ❷ 중심 내용** 오빠까지 윤이에게 화를 내자 윤이는 가족들 모두 사라져 버렸으면 좋겠다고 말합니다. 밖으로 나온 윤이는 가족이 모두 사라진 것을 알고 무서워져서 도깨비에게 가족을 다시 돌려 달라고 울면서 이야기합니다.

053쪽 지문 독해

1 윤이, 가족들   **2** ④   **3** ③   **4** ㉎

1 "가족들 모두 사라져 버렸으면 좋겠어."라는 윤이의 말이 윤이의 첫 번째 소원이 되어 진짜로 가족들이 사라져 버립니다.

2 오빠는 자신의 풀이랑 가위에 손을 댄 윤이한테 화를 내고 알밤을 주었습니다.

오답 풀이

① 오빠가 윤이를 불러 화를 내는 상황이지 윤이가 오빠에게 잔소리를 하는 상황은 아닙니다.
② 오빠가 윤이에게 심부름을 시킨 상황은 아닙니다.
③ 오빠가 윤이에게 알밤을 준 뒤 윤이가 화가 나서 방문을 꽝 닫은 것입니다.
⑤ 윤이가 오빠에게 한 말과 행동은 나타나 있지 않습니다.

3 윤이는 자신에게 맨날 잔소리만 하며, 심부름만 시키고, 혼내는 가족들에게 화가 났습니다. 하지만 가족들이 사라졌으면 좋겠다는 자신의 말대로 가족들이 진짜로 사라져 버리자 무섭고 후회되는 마음이 들었습니다.

유형 공략/세부 내용

인물이 어떠한 상황에서 어떠한 말과 행동을 했는지 살펴보고, 인물의 마음을 짐작할 수 있어야 합니다. 또, 사건이 전개됨에 따라 인물의 마음이 어떻게 변하는지도 파악해 봅니다.

4 윤이가 가족들이 사라져 버렸으면 좋겠다고 말한 것은 화가 나서 자신도 모르게 한 말이고, 그 말이 진짜 소원이 되어 가족들이 사라진 것은 윤이도 예상하지 못했던 일입니다. 그렇기 때문에 가족들이 사라진 뒤 윤이가 울면서 도깨비에게 엄마, 아빠를 돌려 달라고 한 것입니다. 따라서 가족이 사라질 것을 알면서 소원을 빌었다는 생각은 맞지 않습니다.

오답 풀이

㉏ 윤이의 오빠가 윤이에게 조금만 더 부드럽게 이야기했다면 윤이도 그렇게까지 화가 나지 않았을 것이고, 가족들 모두 사라져 버렸으면 좋겠다는 말을 하지 않았을지도 모릅니다.
㉐ 윤이가 자신도 모르게 뱉은 말을 진짜 소원이라고 생각하여 가족들이 사라지게 만든 도깨비에 대한 느낌을 말한 것입니다.

054쪽 지문 분석

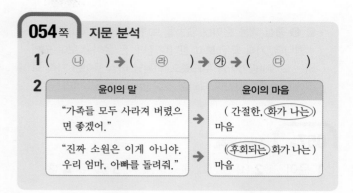

1 (㉑) → (㉒) → ㉓ → (㉔)

2

윤이의 말		윤이의 마음
"가족들 모두 사라져 버렸으면 좋겠어."	→	(간절한,**화가 나는**) 마음
"진짜 소원은 이게 아니야. 우리 엄마, 아빠를 돌려줘."	→	(**후회되는**,화가 나는) 마음

1 오빠에게 알밤을 맞은 윤이는 가족들이 모두 사라져 버렸으면 좋겠다고 말합니다. 그 뒤에 집 안이 너무 조용해 방 밖으로 나온 윤이는 가족들이 모두 사라진 것을 알게 됩니다. 윤이는 도깨비가 "네가 가장 먼저 비는 소원이 이루어질 거야."라고 한 말이 떠오르고, 자신의 소원 때문에 가족이 모두 사라졌을지 모른다는 생각에 갑자기 무서워져서 가족들을 다시 돌려 달라며 울기 시작하고, 곧 도깨비가 나타납니다.

2 윤이는 잔소리만 하고 심부름만 시키며 자기만 혼내는 가족들에게 화가 나서 가족들이 모두 사라져 버렸으면 좋겠다고 말합니다. 이것은 화가 나서 아무 생각 없이 한 말로 정말 가족들이 사라지기를 원한 것은 아니므로, 간절한 마음으로 말한 것은 아닙니다. 그 뒤 가족 모두가 사라지자 가족을 돌려 달라며 후회합니다.

055쪽 오늘의 어휘

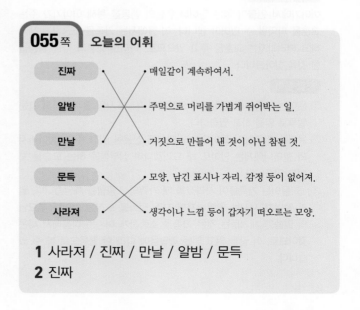

진짜 ⎯ 거짓으로 만들어 낸 것이 아닌 참된 것.
알밤 ⎯ 주먹으로 머리를 가볍게 쥐어박는 일.
만날 ⎯ 매일같이 계속하여서.
문득 ⎯ 생각이나 느낌 등이 갑자기 떠오르는 모양.
사라져 ⎯ 모양, 남긴 표시나 자리, 감정 등이 없어져.

1 사라져 / 진짜 / 만날 / 알밤 / 문득
2 진짜

・글 ❸ 중심 내용 윤이는 앨범을 보며 가족들의 고마움을 생각합니다. 가족 모두 보고 싶다며 잠이 든 윤이를 보며 도깨비는 도깨비방망이를 두드렸고, 이튿날 아침 윤이는 가족 모두에게 밝게 인사하며 도와줄 것이 없느냐고 묻습니다.

057쪽 **지문 독해**

1 윤이   **2** (1) ㉰ (2) ㉯ (3) ㉮   **3** ③   **4** ③

1 윤이는 도깨비에게 소원을 잘못 말해서 가족이 모두 사라지는 일을 겪은 뒤 가족의 소중함에 대해 깨닫게 된 인물입니다.

2 윤이는 앨범 속 가족들을 보며 고마웠던 점들을 생각하고, 가족의 소중함을 깨닫습니다.

3 졸음이 슬며시 오는 모양을 흉내 내는 말은 '스르르'입니다.

오답 풀이
① 번뜩: 물체 따위에 반사된 큰 빛이 잠깐 나타나는 모양.
② 휘릭: 어떤 일을 서둘러서 빨리하거나 무언가를 빠르게 움직이는 모양.
④ 말똥말똥: 눈빛이나 정신 따위가 맑고 생기가 있는 모양.
⑤ 끔벅끔벅: 큰 눈이 자꾸 잠깐씩 감겼다 뜨였다 하는 모양.

4 항상 가족들에게 불만이 많았던 윤이가 가족이 사라지자 가족의 고마움을 느끼고 가족을 위한 일을 하기로 했습니다. 윤이가 깨달은 바와 다른 행동을 하는 친구는 영우입니다.

유형 공략 / 적용
이야기에서 인물이 겪은 일이나 인물의 행동을 통해 이야기가 주는 교훈을 파악할 수 있어야 합니다. 이 글에서는 가족을 소중하게 생각하고 배려하자는 교훈을 주고 있으므로, 이러한 교훈과 다른 행동을 한 것을 찾아봅니다.

오답 풀이
① 윤이는 가족들이 돌아오자 오빠에게 "내가 사탕 줄까?"라며 고운 말투로 말을 하고 있습니다.
② 윤이는 가족들이 돌아오자 아빠에게 신문을 갖다 주고, 할아버지와 할머니에게는 안마도 해 드리겠다며 심부름을 하는 모습을 보이고 있습니다.
④, ⑤ 윤이는 가족들이 사라졌을 때 가족의 소중함을 깨닫습니다. 멀리 떨어져 사시는 할아버지께 자주 전화를 드리는 것이나 부모님의 말씀을 새겨듣는 것은 가족을 소중하게 여기는 마음에서 나온 것이므로, 이 글을 읽고 얻은 깨달음에 따라 한 행동으로 볼 수 있습니다.

058쪽 **지문 분석**

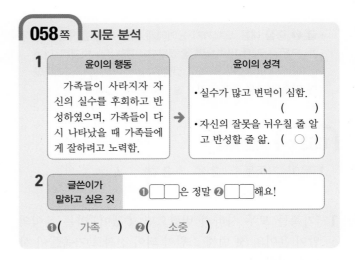

1 윤이는 가족들이 모두 사라지자, 도깨비에게 앨범을 보여 주며 가족들에 대한 마음을 드러냅니다. 그리고 "모두 보고 싶어. 제발 찾아 줘."라고 말하며 가족들이 사라지면 좋겠다고 말한 자신의 잘못을 뉘우치고 후회하는 모습을 보입니다. 이튿날 윤이는 가족을 보자 밝게 인사하며 도와드릴 일이 없는지 물어보며 가족들을 배려하려고 노력합니다.

2 가족에게 화가 난 윤이는 가족들이 사라졌으면 좋겠다고 말하는데, 자신의 말대로 가족들이 사라지자 윤이는 가족의 고마움과 소중함을 깨달으며 자신의 잘못을 뉘우치는 모습을 보입니다. 이러한 윤이의 이야기를 통해 가족의 소중함에 대한 주제를 전하고 있습니다.

059쪽 **오늘의 어휘**

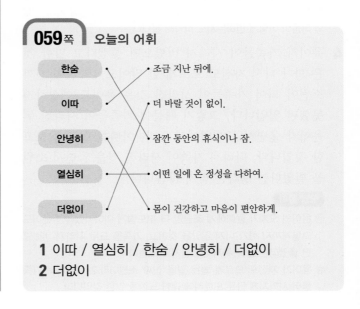

1 이따 / 열심히 / 한숨 / 안녕히 / 더없이
2 더없이

- **글의 종류** 창작 동화
- **글의 특징** 짝 송이와 빨리 친해지고 싶은 초등학교 1학년 동희의 마음을 솔직하게 보여 줌으로써 새로운 학교 생활에 대한 설렘과 친구와 친해지고 싶은 아이들의 순수한 마음을 느낄 수 있게 하는 글입니다.
- **글의 주제** 친구와 친해지는 일은 어렵지 않습니다. 친구와 친해지려면 친절하게 대해 주고, 도움을 주고, 친구가 마음을 열 때까지 기다리면 됩니다.
- **글 ❶ 중심 내용** 동희는 1학년이 되어 짝이 생겨서 정말 기쁘고 짝 송이와 친해지고 싶은데, 송이는 동희에게 마음을 열지 않습니다.

061쪽　지문 독해

1 짝　　**2** ⑤　　**3** (1) ×　　**4** ⑤

1 동희는 짝 송이와 친해지고 싶어서 자신의 이름을 소개하며 반갑게 인사하지만, 송이는 고개만 까딱할 뿐 이름도 가르쳐 주지 않았습니다. 동희는 조금 속상했지만, 그래도 송이가 좋습니다.

　유형 공략 / 중심 내용
　이야기를 읽으면서 인물 사이의 관계를 파악하는 것은 이야기의 흐름을 이해하는 데 많은 도움이 됩니다. 따라서 이야기에 나온 주요 인물들이 누구누구인지 먼저 파악하고, 그 인물들의 관계는 어떠한지 주의 깊게 살펴보아야 합니다. 이 글에서 동희와 송이는 같은 반 짝꿍이며, 동희는 송이를 좋아하지만 송이는 동희에게 마음을 열어 주지 않습니다.

2 ⓜ은 동희를 가리키고, ⓐ~ⓓ은 모두 동희의 짝 송이를 가리키고 있습니다.

3 동희는 자신이 좋아하는 송이와 친해지기 위해서 자꾸 인사를 하고 말을 거는데 그때마다 송이가 고개만 까딱하고 대답을 잘 해주지 않거나, 새침하게 말해서 속상하고 시무룩한 마음이었습니다.

4 동희는 송이가 자신에게 새침하게 대하며 마음을 열지 않아 속상했지만, 그래도 송이를 좋아합니다. 비슷한 상황에서 동희와 같은 기분을 느낄 수 있는 것은 ⑤의 상황입니다.

　오답 풀이
　① 친한 친구와 화해하게 되어 기분이 좋을 것입니다.
　② 모든 것이 낯설고 새로운 상황은 동희가 짝꿍과 친해지고 싶지만 그렇지 못하고 있는 상황과는 다릅니다.
　③ 우연히 같은 반 친구를 마주쳐서 반가운 마음이 드는 상황입니다.
　④ 뿌듯하고 기쁜 마음이 드는 상황입니다.

062쪽　지문 분석

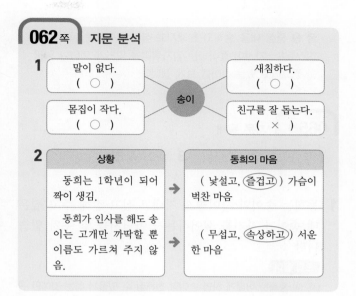

1 송이는 조그맣고, 얌전히 앉아 있으며, 동희의 말에 새침하게 대답하는 여자아이입니다. 그런데 송이가 '친구를 잘 돕는다.'라고 생각할 만한 내용은 이 글에 드러나 있지 않습니다.

2 동희는 1학년이 되어 짝이 생긴 날, 가슴이 벅차며 얼굴 가득 웃음을 머금었습니다. 이로 보아 동희의 마음이 즐겁다는 것을 알 수 있습니다. 한편, 동희는 자신의 짝인 송이가 좋은데, 송이는 이름도 가르쳐 주지 않고 동희의 인사나 말에 고개만 까딱하며 대답도 새침하게 합니다. 동희는 송이와 친해지고 싶은데, 송이는 그렇지 않은 태도를 보이니 동희는 속상하고 서운한 마음이 듭니다.

063쪽　오늘의 어휘

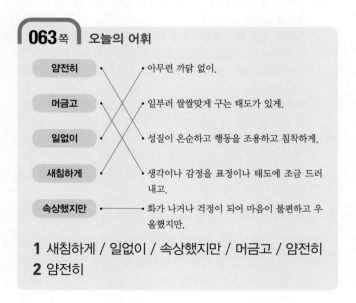

1 새침하게 / 일없이 / 속상했지만 / 머금고 / 얌전히
2 얌전히

・글 ② 중심 내용 송이와 친해지고 싶어 고민하는 동희는 급식 시간에 자신이 좋아하는 감자튀김을 맛있게 먹다가 얼굴을 찡그리고 있는 송이를 보게 됩니다.

065쪽　지문 독해

1 (2) ○　**2** 배신자　**3** ⑤　**4** ⑤

1 동희는 송이와 사이좋게 지내고 싶고 잘해 주고 싶은데 송이가 자기를 싫어하는지 아닌지를 알 수가 없습니다.

오답 풀이

(1), (3) 동희는 어떻게 하면 송이랑 친해질 수 있을까 하는 것에만 관심이 있을 뿐이며, 엄마의 마음을 풀어 주거나 송이가 다른 친구들과 잘 지낼 방법에는 관심이 없습니다.

2 엄마는 집에 와서도 송이 얘기만 하는 동희에게 은근히 샘이 났는지 "전에는 엄마가 세상에서 제일 예쁘다더니"라며 동희를 배신자라고 불렀습니다.

3 동희가 좋아하는 감자튀김을 빠르게 허겁지겁 먹는 모습을 나타내는 말은 '아구아구 쩝쩝'입니다.

유형 공략 / 어휘

문장의 빈칸에 들어갈 말을 짐작하여 알맞은 말을 찾으려면 문장의 앞뒤 내용을 꼼꼼히 살펴보아야 합니다. '후루룩', '깨지락깨지락', '아구아구 쩝쩝'은 모두 음식을 먹는 모양이나 소리를 나타내는 말이지만 그 느낌이 모두 다른 말이므로 문장의 앞뒤 내용을 통해 알맞은 말을 찾아야 합니다.

오답 풀이

① 꼬르륵: 배 속에서 나는 소리를 흉내 낸 말로, 주로 배고플 때 나는 소리를 나타냅니다.
② 후루룩: 적은 양의 액체나 국수 따위를 야단스럽게 빨리 들이마시는 소리나 그 모양을 흉내 낸 말인데, ㉠은 감자튀김 등의 급식을 먹는 상황이므로, 액체나 국수를 먹는 소리가 들어가는 것은 어울리지 않습니다.
③ 보글보글: 적은 양의 액체가 잇따라 야단스럽게 끓는 소리나 모양을 흉내 낸 말로, '무섭게 먹기 시작했어요'라는 상황과는 어울리지 않습니다.
④ 깨지락깨지락: 조금 달갑지 않은 음식을 억지로 굼뜨게 자꾸 먹는 모양을 흉내 낸 말로, 자기가 좋아하는 음식을 맛있게 먹는 동희의 상황과는 어울리지 않습니다.

4 감자튀김을 먹지 않고 있었던 행동, 남기지 말고 다 먹으라고 하는 선생님의 말을 듣고 얼굴을 찡그리는 모습 등을 통해 송이가 감자튀김을 먹기 싫어서 고민하고 있다는 것을 짐작할 수 있습니다.

066쪽　지문 분석

1

일이 일어난 장소	일어난 일
동희 ❶ ☐	동희가 송이 이야기를 꺼냈다가 엄마에게 배신자라는 말을 들음.
❷ ☐☐	동희가 좋아하는 감자튀김이 나왔는데, 송이는 감자튀김을 먹지 않고 얼굴을 찡그리고 있었음.

❶(집) ❷(학교)

2

송이의 행동		송이의 성격
다른 애들한테는 인사도 잘 하지 않고 짝인 동희에게는 고개만 까딱함.	→	・친구들을 무시하고 자신이 특별하다고 생각함. (　) ・친구들과 쉽게 친해지지 않고 잘 어울리지 못함. (○)

1 동희는 집에서 송이 이야기만 꺼내고, 이를 은근히 샘내던 엄마의 짓궂은 질문에 대답을 못 하다가 엄마에게 배신자라는 말만 듣습니다. 며칠 뒤 학교에서 급식 시간에 동희가 좋아하는 감자튀김이 나와서 동희는 허겁지겁 먹는데, 송이는 감자튀김을 먹지 않고 얼굴을 찡그리고 있었습니다.

2 얌전하고 새침한 성격의 송이는 다른 애들한테는 인사도 잘 안 하고, 짝꿍인 동희에게도 고개만 까딱합니다. 이런 송이의 행동으로 보아, 송이는 친구들하고 쉽게 친해지지 않고 잘 어울리지 못하는 성격의 아이라는 것을 알 수 있습니다.

067쪽　오늘의 어휘

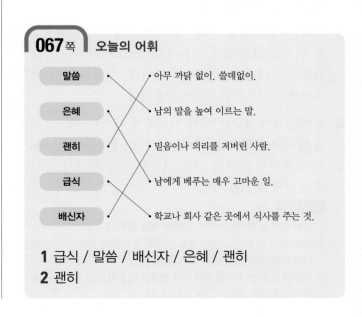

1 급식 / 말씀 / 배신자 / 은혜 / 괜히
2 괜히

• 글 ❸ 중심 내용 동희는 송이의 감자튀김을 대신 먹어 준 뒤 송이와 가까워지게 되고, 이런 사소한 일로 송이와 친해질 줄 알았으면 괜히 고민을 했다는 생각을 합니다.

069쪽 | 지문 독해

1 ⑤ **2** (3) ○ **3** ⑤ **4** 라희

1 동희와 송이가 친해지는 과정을 중심으로 펼쳐지는 이야기입니다.

오답 풀이

① 동희가 감자튀김을 먹어 준 일로 송이와 친해지게 되었으므로, 중심 글감은 감자튀김을 먹어 준 일이라고 할 수 있습니다.
② 동희가 겪은 일은 글쓴이가 상상하여 지어낸 것으로, 이 글은 동화이지 일기 글은 아닙니다.
③ 동희가 송이에게 하고 싶은 말이 아니라 송이와 친해지고 싶은 마음이 드러난 글입니다.
④ 올바른 친구 관계에 대한 생각을 드러낸 것이 아니라, 친구와 친해지기 위해서는 친구가 마음을 열 때까지 기다리는 자세가 필요하다는 생각을 드러낸 글입니다.

2 동희가 송이의 감자튀김을 먹어 준 일을 계기로 송이가 동희에게 마음을 열고, 둘이 친해지게 됩니다.

유형 공략/세부 내용

'계기'는 어떤 일이 일어나거나 변화하도록 만드는 결정적인 원인이나 기회를 말합니다. 이야기에서의 '계기'는 보통 인물의 태도나 성격을 변하게 만드는 사건입니다. 동희가 송이의 감자튀김을 먹어 준 일은 동이와 송이가 친해지는 '계기'가 되는 사건입니다.

3 이름도 제대로 이야기해 주지 않고 인사를 해도 고개만 까딱하고, 도움을 주려고 해도 새침하게 거절하던 송이에게서 고맙다는 인사를 들으니 동희는 너무 기분이 좋아져서 얼굴이 새빨개집니다.

4 그동안 인사도 제대로 하지 않고 새침하게만 행동했던 송이가 감자튀김을 대신 먹어 준 동희와 처음으로 교문까지 함께 걸어가고 고맙다고 이야기도 합니다. 앞으로 동희와 송이가 사이좋게 지낼 것이라고 짐작할 수 있습니다.

오답 풀이

정수: 송이가 동희에게 마음을 열었으므로, 둘 사이가 어색해지는 것이 아니라 앞으로 더 사이좋게 지낼 것이라고 짐작할 수 있습니다.
지민: 동희는 송이와 별것 아닌 일로 쉽게 친해질 수 있었는데 괜히 고민했다고 생각했을 뿐이지, 그동안 노력했던 것을 허무하다고 생각하지는 않았습니다.

070쪽 | 지문 분석

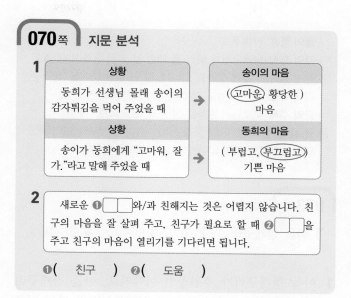

1

상황		송이의 마음
동희가 선생님 몰래 송이의 감자튀김을 먹어 주었을 때	→	((고마운) 황당한) 마음

상황		동희의 마음
송이가 동희에게 "고마워, 잘 가."라고 말해 주었을 때	→	(부럽고, (부끄럽고)) 기쁜 마음

2 새로운 ❶ □□와/과 친해지는 것은 어렵지 않습니다. 친구의 마음을 잘 살펴 주고, 친구가 필요로 할 때 ❷ □□을 주고 친구의 마음이 열리기를 기다리면 됩니다.

❶(친구) ❷(도움)

1 송이는 감자튀김을 대신 먹어 준 동희에게 고마워하고 있습니다. 그동안 짝 송이와 친해지고 싶었지만, 친해지는 방법을 몰랐던 동희는 감자튀김을 대신 먹어 준 사소한 행동으로 송이와 친해질 수 있게 됩니다. 송이는 자신의 난처한 일을 도와준 동희에게 "고마워."라고 말하는데, 이 말에 동희는 부끄러워 얼굴이 빨개지지만, 한편으로는 기뻐서 웃었습니다.

2 새로운 상황에서 새로운 친구를 사귀는 일이 누구에게나 쉬운 일은 아닙니다. 하지만, 친구의 마음을 잘 살펴 주고, 친구가 필요로 할 때 도움을 주면서 친절히 대해 주고 친구가 마음을 열기를 기다려 준다면, 친구가 되는 일은 그리 어려운 일이 아니라는 주제를 전하고 있습니다.

071쪽 | 오늘의 어휘

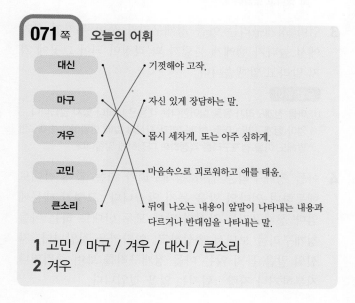

대신	—	기껏해야 고작.
마구	—	자신 있게 장담하는 말.
겨우	—	몹시 세차게. 또는 아주 심하게.
고민	—	마음속으로 괴로워하고 애를 태움.
큰소리	—	뒤에 나오는 내용이 앞말이 나타내는 내용과 다르거나 반대임을 나타내는 말.

1 고민 / 마구 / 겨우 / 대신 / 큰소리
2 겨우

- **글의 종류** 전래 동화
- **글의 특징** 청개구리가 비가 올 때면 울게 된 유래에 대해 쓴 전래 동화로, 효를 주제로 합니다. 말 안 듣는 아이를 '청개구리 같다'고 하는 표현도 이 이야기와 관련됩니다.
- **글의 주제** 부모님의 말씀을 잘 듣고, 효도하자.
- **글 ❶ 중심 내용** 아들 청개구리는 엄마 청개구리 말이라면 모두 반대로만 하며 엄마 청개구리의 속을 썩입니다.

073쪽 　지문 독해

1 아들 청개구리　**2** ②　**3** (3) ○　**4** ③, ④

1 아들 청개구리가 주인공인 이야기로, 아들 청개구리가 엄마 청개구리의 말에 반대로만 하다가 겪는 일을 그리고 있습니다.

　유형 공략 / 갈래

이야기에는 사건을 일으키고 갈등을 겪는 여러 인물이 등장합니다. 여러 인물 가운데 사건의 중심이 되는 인물을 '주인공'이라고 합니다. 이 글에서 일어난 사건은 아들 청개구리가 엄마 청개구리의 말을 듣지 않고 반대로만 행동하면서 생긴 사건입니다. 따라서 이 사건의 중심이 되는 아들 청개구리가 이야기의 주인공입니다.

2 아들 청개구리는 밖에서 놀다 오라는 엄마 청개구리의 말에 반대하기 위해 공부가 더 좋다고 한 것이지, 실제로 공부를 좋아하는 것은 아닙니다.

　오답 풀이

①, ③ 청개구리네 옆집에는 맹꽁이네가 살았고, 맹꽁이네 옆집에는 두꺼비네가 살았다고 했습니다.
④, ⑤ 숲속 연못 마을에 엄마 청개구리, 아들 청개구리가 단둘이 살고 있다고 했습니다.

3 엄마 청개구리는 아들 청개구리가 풀이 우거진 물가에서 놀다가 뱀에게 물릴까 봐 걱정이 되어 그곳에 가지 말라고 말했습니다.

　오답 풀이

(1) 아들 청개구리가 물을 싫어한다는 내용은 나타나 있지 않습니다.
(2) 엄마 청개구리는 아들 청개구리가 자신의 말에 반항하고 반대로만 말해도 아들 청개구리를 걱정하며 다정하게 말합니다.

4 아들 청개구리는 엄마 청개구리가 하는 말에 반대로 행동하며 엄마의 말을 듣지 않습니다. 그렇기 때문에 엄마 청개구리는 자신의 말에 모두 반대로 하는 아들 청개구리를 보면서 속상하고, 안타까울 것입니다. 자신의 말을 듣지 않는 아들 청개구리를 보며 즐겁거나 지루하거나 자랑스럽지는 않을 것입니다.

074쪽 　지문 분석

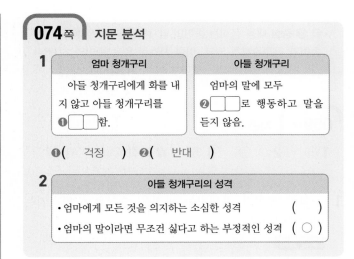

엄마 청개구리	아들 청개구리
아들 청개구리에게 화를 내지 않고 아들 청개구리를 ❶□□함.	엄마의 말에 모두 ❷□□로 행동하고 말을 듣지 않음.

❶(걱정)　❷(반대)

2

아들 청개구리의 성격	
• 엄마에게 모든 것을 의지하는 소심한 성격	( )
• 엄마의 말이라면 무조건 싫다고 하는 부정적인 성격	(○)

1 아들 청개구리가 엄마의 말이라면 모두 반대로 행동하며 말을 듣지 않아도 엄마 청개구리는 화도 내지 않고 아들 청개구리를 걱정하고 사랑합니다.

2 엄마 청개구리가 밥을 먹자고 하면 아들 청개구리는 "아냐, 지금은 먹기 싫어졌어!"라고 말하였습니다. 그리고 엄마 청개구리가 아들 청개구리에게 밖에 나가서 놀다 오라고 했더니 "싫어!"라고 대답하고, 풀이 우거진 물가에 가지 말라는 말에도 "싫어"라고 대답합니다. 이처럼 아들 청개구리는 엄마 청개구리의 말에 무조건 '아니', '싫어'라고 대답합니다. 이로 보아 아들 청개구리는 엄마의 말이라면 무조건 싫다고 하는 부정적 성격임을 알 수 있습니다.

075쪽 　오늘의 어휘

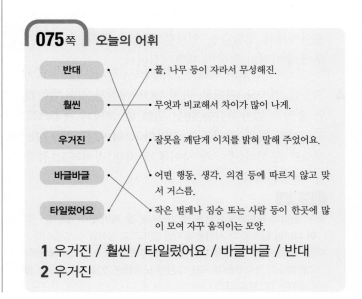

반대	· 풀, 나무 등이 자라서 무성해진.
훨씬	· 무엇과 비교해서 차이가 많이 나게.
우거진	· 잘못을 깨닫게 이치를 밝혀 말해 주었어요.
바글바글	· 어떤 행동, 생각, 의견 등에 따르지 않고 맞서 거스름.
타일렀어요	· 작은 벌레나 짐승 또는 사람 등이 한곳에 많이 모여 자꾸 움직이는 모양.

1 우거진 / 훨씬 / 타일렀어요 / 바글바글 / 반대
2 우거진

• 글 ❷ 중심 내용 아들 청개구리는 엄마 청개구리 덕분에 뱀에게 잡아먹힐 뻔한 위기에서 벗어납니다. 자신 때문에 크게 다친 엄마 청개구리의 생명이 위태로워지자 아들 청개구리는 잘못을 뉘우치고 슬퍼합니다.

077쪽 　지문 독해

1 물가　**2** ③　**3** ③, ⑤　**4** ㉮

1 아들 청개구리는 엄마 말을 듣지 않고 풀이 우거진 물가에 나가서 놀다가 뱀에게 잡아먹힐 위기에 처합니다. 아들 청개구리를 구하려던 엄마 청개구리는 뱀에게 공격을 당해 크게 다치게 되고 집에 돌아와 끙끙 앓게 됩니다.

　유형 공략／갈래

이야기에서 사건이 일어나는 장소와 시간을 파악하면 이야기의 내용을 정확하고 쉽게 이해할 수 있습니다. 아들 청개구리가 뱀에게 잡아먹힐 뻔한 위험에 처하자 엄마 청개구리가 구해 주는 사건은 '풀이 우거진 물가'에서 벌어진 일입니다. 이 이야기 전체에서 일이 일어난 장소는 '청개구리네 집 → 풀이 우거진 물가 → 청개구리네 집 → 개울가 엄마 청개구리의 무덤'으로 바뀝니다.

2 풀숲에 숨어 있던 뱀은 아들 청개구리를 발견하고 잡아먹으려고 다가갔습니다. 그러면서 뱀이 '통통한 먹이'라고 하였으므로, 뱀에게 통통한 먹이가 되는 인물은 아들 청개구리라고 할 수 있습니다.

3 엄마 청개구리는 뱀이 아들을 덮치려는 모습을 보고 아들에게 어서 달아나라며 소리치고, 뱀을 향해 돌멩이를 힘껏 던졌습니다.

　오답 풀이

① 뱀이 꼬리로 엄마 청개구리를 후려친 것입니다.
② 풀숲에 몰래 숨어 있었던 것은 뱀이고, 엄마 청개구리가 풀숲에 숨어 있었는지는 알 수 없습니다.
④ 청개구리 의사 선생님이 찾아온 것은 엄마 청개구리가 다친 뒤의 일입니다.

4 엄마 청개구리의 생명이 위태로운 상황에서 아들 청개구리는 그동안 엄마 청개구리의 말을 듣지 않은 것을 후회하고 있으므로 ㉮와 같은 말이 들어가는 것이 맞습니다.

　오답 풀이

㉯ 이미 청개구리 의사 선생님이 와서 엄마 청개구리의 상태를 봐 주고 있었으므로 알맞지 않은 말입니다.
㉰ 아들 청개구리가 친구들과 함께 논 일 때문에 엄마 청개구리가 아프게 된 것은 아니므로 알맞지 않은 말입니다.

078쪽 　지문 분석

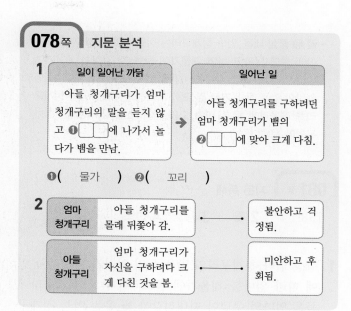

1 엄마 청개구리는 풀이 우거진 물가에는 뱀이 숨어 있을 수 있기 때문에 아들 청개구리에게 그곳에 가지 말라고 말합니다. 하지만 아들 청개구리는 물가에 가서 놉니다. 이 때문에 물가에서 뱀에게 잡아먹힐 뻔한 아들 청개구리를 구하려던 엄마 청개구리는 뱀의 꼬리에 맞아 크게 다쳐 끙끙 앓게 됩니다.

2 엄마 청개구리는 평소에 자신의 말을 듣지 않는 아들 청개구리가 걱정되고 불안하여 아들 청개구리를 몰래 뒤쫓아 갑니다. 그 뒤에 아들 청개구리는 자신을 구하려다 뱀의 공격을 받고 크게 다친 엄마 청개구리가 낫기 힘들겠다는 말을 듣고, 엄마 청개구리에게 미안하고 후회되는 마음을 갖게 됩니다.

079쪽 　오늘의 어휘

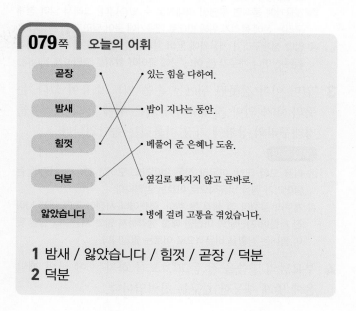

1 밤새 / 앓았습니다 / 힘껏 / 곧장 / 덕분
2 덕분

• **글 ❸ 중심 내용** 엄마 청개구리는 아들 청개구리에게 자신을 산에 묻어 달라고 하면 개울가에 묻을 것 같아서 개울가에 묻어 달라고 반대로 유언을 합니다. 자신의 행동을 후회하며 엄마의 말을 잘 듣기로 결심한 아들 청개구리는 엄마 청개구리를 개울가에 묻고, 비만 오면 엄마 무덤이 떠내려갈까 봐 목놓아 웁니다.

081쪽 **지문 독해**

1 (3) ○ **2** ⑤ **3** ㉮ **4** 찬혁

1 항상 엄마 청개구리의 말을 듣지 않다가 마지막 유언에 따라 엄마를 개울가에 묻고, 비가 오면 개울가에 묻은 엄마의 무덤이 떠내려갈까 봐 우는 아들 청개구리의 이야기가 주된 내용이므로 (3)과 같은 제목이 알맞습니다.

[유형 공략/중심 내용]
글에 어울리는 또 다른 제목을 찾기 위해서는 우선 글에서 가장 중요한 내용이 무엇인지 알아야 합니다. 그리고 중요 내용이 드러나면서 짧게 표현할 수 있는 제목을 찾아봅니다.

2 아들 청개구리는 항상 엄마 청개구리의 말과 반대로 행동했기 때문에 자신을 개울가에 묻어 달라고 하면 산에 묻어 줄 것 같아서 그렇게 말한 것입니다.

[오답 풀이]
①, ② 아들 청개구리가 엄마의 말에 반대로 행동하기 때문에 엄마 청개구리는 산에 묻히기 위해서 반대로 개울가에 묻어 달라고 한 것입니다. 아들 청개구리가 개울가를 좋아하거나 자주 찾아올 것으로 생각해서가 아닙니다.
③ 개울가에 묻히면 무덤이 떠내려갈 수 있습니다. 그래서 엄마 청개구리는 산에 묻히기 위해 반대로 개울가에 묻어 달라고 한 것입니다.
④ 엄마 청개구리가 개울가에 묻어 달라고 한 말 때문에 아들 청개구리는 산이나 개울가 중 어느 곳에 묻어야 할지를 고민하게 됩니다.

3 '일이 이미 잘못된 뒤에는 손을 써도 소용이 없다.'는 뜻의 ㉯가 엄마 청개구리가 죽은 뒤에 후회하는 아들 청개구리의 상황에 가장 어울리는 속담입니다.

[오답 풀이]
㉮ 티끌 모아 태산: 아무리 작은 것이라도 모이고 모이면 나중에 큰 덩어리가 됨을 비유적으로 이르는 말입니다.
㉰ 개구리 올챙이 적 생각 못 한다: 형편이나 사정이 전에 비해 나아진 사람이 지난날의 어렵던 때를 생각하지 않고 처음부터 잘난 듯이 뽐내는 상황을 비유적으로 이르는 말입니다.

4 부모님의 말씀을 잘 듣고 효도를 하자는 이 글의 깨달음에 맞게 행동한 친구는 찬혁입니다.

082쪽 **지문 분석**

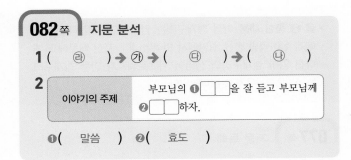

1 (㉰) ➡ ㉮ ➡ (㉯) ➡ (㉯)

2 이야기의 주제 | 부모님의 ❶[ ][ ]을 잘 듣고 부모님께 ❷[ ][ ]하자.

❶(말씀) ❷(효도)

1 엄마 청개구리는 또 아들 청개구리가 반대로 행동할 것을 걱정하여 자신을 개울가에 묻어 달라고 합니다. 이에 아들 청개구리는 엄마를 개울가에 묻으면 무덤이 떠내려갈 것이기 때문에 산에 묻어야 하는데, 엄마 청개구리가 개울가에 묻어 달라고 하였으니 어느 쪽을 선택해야 하는지 고민합니다. 그러다 아들 청개구리는 그동안 자신이 했던 행동을 반성하며 이번에는 엄마의 말을 따르기로 결심하고 엄마를 개울가에 묻습니다. 그 뒤 비가 쏟아지자 아들 청개구리는 엄마 무덤이 떠내려갈까 봐 우는데, 요즘도 비만 내리면 아들 청개구리는 목놓아 운다고 합니다.

2 엄마 청개구리가 살아 있을 때는 엄마의 말에 반대로만 행동하며 속을 썩이던 아들 청개구리가 엄마 청개구리가 죽은 후에 자신의 잘못을 뉘우치고 후회하는 모습을 보입니다. 이러한 아들 청개구리의 이야기를 통해 부모님이 돌아가신 뒤 후회하지 말고, 부모님의 말씀을 잘 듣고, 부모님이 살아 계실 때 효도하자는 주제를 전하고 있습니다.

083쪽 **오늘의 어휘**

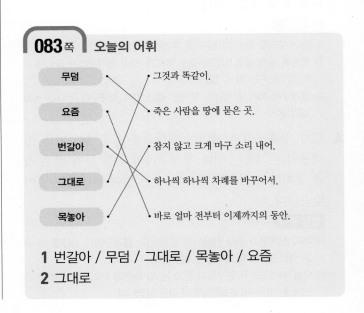

무덤 · · 그것과 똑같이.
요즘 · · 죽은 사람을 땅에 묻은 곳.
번갈아 · · 참지 않고 크게 마구 소리 내어.
그대로 · · 하나씩 하나씩 차례를 바꾸어서.
목놓아 · · 바로 얼마 전부터 이제까지의 동안.

1 번갈아 / 무덤 / 그대로 / 목놓아 / 요즘
2 그대로

• **글의 종류** 전래 동화
• **글의 특징** 어리석은 호랑이가 곶감이 무엇인지도 모르면서 무턱대고 자신보다 힘이 세고 무서운 존재라고 생각하여 도망가는 이야기를 재미있게 그린 전래 동화입니다.
• **글의 주제** 성급한 판단 때문에 일을 그르치지 말자.
• **글 ❶ 중심 내용** 배가 고픈 호랑이가 마을로 내려와 어느 집에 들어갔는데, 호랑이가 온다는 엄마의 말에도 울음을 그치지 않던 아기가 곶감 이야기에 울음을 뚝 그치자 호랑이는 곶감이 자신보다 엄청 무서운 놈일 거라고 생각합니다.

085쪽 **지문 독해**

1 ④   **2** 외양간   **3** ㉮   **4** ③

1 전래 동화는 실제로 일어난 일을 바탕으로 쓴 것이 아니라, 꾸며 쓴 옛이야기입니다.

오답 풀이

① 이 글은 옛날이야기입니다.
② 호랑이가 중심이 되어 사건이 전개되고 있습니다.
③ 전래 동화는 입에서 입으로 전해져 내려온 이야기이기 때문에 쉽고 재미있는 내용이 많습니다.
⑤ 전래 동화는 아주 오랫동안 사람들 사이에서 전해져 내려온 이야기입니다.

2 배가 고파서 마을로 내려온 호랑이는 불빛을 따라 집에 들어가 송아지라도 잡아먹으려고 외양간으로 향하고 있었습니다.

3 "여우가 왔다.", "호랑이가 왔다."라는 엄마의 말에도 울음을 그치지 않던 아기가 "옜다, 곶감이다!"라는 말에 울음을 뚝 그칩니다.

4 아기는 곶감이 무서워서가 아니라 맛있는 곶감을 먹고 있었기 때문에 울음을 그친 것입니다.

유형 공략 / 추론

글에서 주어진 단서와 자신의 경험 등을 활용하여 숨겨진 내용을 추론하는 문제가 자주 출제됩니다. 이 글에서는 아기가 곶감을 주니 울음을 뚝 그쳤으므로, 아기에게 곶감이 어떤 의미였을지 생각해 봅니다.

오답 풀이

① 아기는 "옜다, 곶감이다!"라는 엄마의 말에 울음을 그쳤으므로, 잠이 든 것은 아닙니다.
② 아기는 맛있는 곶감이 좋아서 울음을 그친 것입니다. 곶감을 무서워한 것은 아기가 아니라 호랑이입니다.
④ 엄마가 달래도 계속 울던 아기는 엄마가 곶감을 주자 울음을 그쳤습니다.
⑤ 엄마가 아기를 달래기 위해 여우나 호랑이가 왔다고 했지만 아기는 울음을 그치지 않았습니다.

086쪽 **지문 분석**

1
엄마가 우는 아기를 달래기 위해 ((여우,) 호랑이, 곶감)이/가 왔다고 했지만 아기는 울음을 그치지 않음.

↓

아기는 (여우, (호랑이,) 곶감)이/가 왔다는 말에도 여전히 시끄럽게 울기만 함.

↓

엄마가 "(여우, 호랑이, (곶감))(이)다!"라고 하자 아기는 그제야 울음을 뚝 그침.

2

호랑이의 생각	
'곶감은 엄청 무서운 놈일 거야.'	• 어리석음.
	• 마음씨가 착함.

1 우는 아기를 달래기 위해 엄마는 처음에는 '여우가 왔다', 두 번째는 '호랑이가 왔다'라며 아기를 겁주고 있습니다. 그럼에도 아기가 울음을 그치지 않자, '옜다, 곶감이다!'라며 맛있는 음식으로 아기를 달래고 있습니다. 곶감에 대해 잘 모르는 호랑이는 아기가 곶감 이야기를 듣고 울음을 그치자 곶감이 호랑이보다 무서운 놈일 것이라고 생각합니다.

2 곶감이 무엇인지 제대로 알지 못하면서 그저 무서운 존재일 것이라고 오해하는 모습에서 호랑이의 어리석은 성격을 알 수 있습니다.

087쪽 **오늘의 어휘**

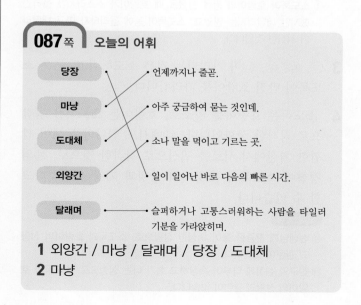

당장	• 언제까지나 줄곧.
마냥	• 아주 궁금하여 묻는 것인데.
도대체	• 소나 말을 먹이고 기르는 곳.
외양간	• 일이 일어난 바로 다음의 빠른 시간.
달래며	• 슬퍼하거나 고통스러워하는 사람을 타일러 기분을 가라앉히며.

1 외양간 / 마냥 / 달래며 / 당장 / 도대체
2 마냥

• 글 ❷ **중심 내용** 외양간에 있던 소도둑은 호랑이를 황소로 착각하여 호랑이 등에 올라타는데, 호랑이는 소도둑을 곶감이라고 착각하고 무서워하며 빠르게 달립니다. 날이 밝아 자신이 호랑이 등에 타고 있다는 것을 알게 된 소도둑은 호랑이가 나무 밑을 지날 때에야 겨우 호랑이 등에서 내릴 수 있었습니다.

089쪽   지문 독해

1 밤   **2** ②, ⑤   **3** ②   **4** ㉡

1 깜깜한 밤에 호랑이는 소도둑을 곶감으로, 소도둑은 호랑이를 황소로 착각하였습니다. 그러다 날이 밝아 아침이 되자 소도둑은 자신이 호랑이 등에 타고 있었다는 것을 알게 됩니다.

(유형 공략/갈래)
이야기에서 사건이 일어나는 장소와 시간을 '배경'이라고 합니다. 이야기의 배경을 파악해야 이야기의 흐름을 잘 이해할 수 있습니다. 이 글에서 소도둑이 호랑이를 황소로 착각해 등에 올라탄 것은 앞이 잘 보이지 않는 깜깜한 밤이었기 때문에 일어날 수 있는 사건입니다. 또한 날이 밝으며 아침이 되었기 때문에 소도둑이 자신이 탄 것이 황소가 아니라 호랑이라는 것을 확인할 수 있었던 것입니다.

2 호랑이는 자신의 등에 올라탄 것이 곶감인 줄 알고 떼어 놓기 위해서 마구 내달리기 시작했습니다.

(오답 풀이)
① 소도둑이 호랑이를 황소로 착각한 것입니다.
③ 소도둑이 호랑이를 황소로 착각하여 몰고 나가고 싶어 했으며, 호랑이는 자신의 등에 있는 것을 떼어 놓으려고 내달린 것입니다.
④ 소도둑이 호랑이의 등을 만졌을 때 호랑이가 소스라치게 놀라긴 했지만 내달리지는 않았고, 소도둑이 등에 올라타자 마구 내달리기 시작한 것입니다.

3 ㉠, ㉢, ㉣, ㉤이 가리키는 것은 소도둑이고, ㉡은 소도둑이 만진 호랑이를 가리킵니다.

4 소도둑은 호랑이를 황소로, 호랑이는 소도둑을 곶감으로 착각한 상황입니다. ㉡에서도 언니와 동생이 깜깜한 거실에서 서로를 귀신으로 착각한 것으로, ㉡의 경험이 소도둑과 호랑이의 상황과 가장 비슷하다고 할 수 있습니다.

(오답 풀이)
㉠ 선생님께 꾸중을 들어 속상한 상황으로, 소도둑과 호랑이의 상황과 관련이 없습니다.
㉢ 친구와 심하게 다투어 속상하고 화가 나는 상황으로, 소도둑과 호랑이의 상황과 관련이 없습니다.

090쪽   지문 분석

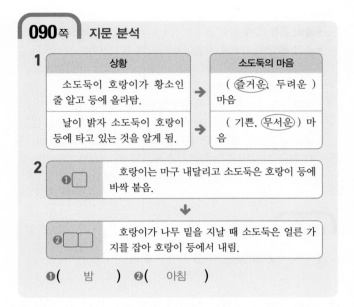

1 소도둑은 호랑이를 황소로 착각하여 올라탔을 때 황소를 훔치는 것이 성공한 줄 알고 즐겁고 기쁜 마음이었을 것입니다. 그러나 날이 밝고 자신이 타고 있던 것이 호랑이라는 것을 알았을 때 깜짝 놀라 어쩔 줄 몰라 하는데, 이것은 호랑이가 두렵고 무서운 마음이 들었기 때문입니다.

2 아무것도 보이지 않는 깜깜한 밤에 소도둑은 호랑이를 황소로 착각해 올라타고 밤새 자신이 황소 등에 타고 있다고 생각했습니다. 호랑이는 자신의 등에 무서운 곶감이 타고 있다고 생각하고 마구 내달렸는데, 날이 밝아서야 소도둑은 자신이 호랑이 등에 탔다는 것을 알게 됩니다.

091쪽   오늘의 어휘

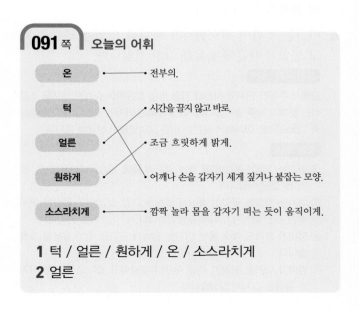

1 턱 / 얼른 / 훤하게 / 온 / 소스라치게
2 얼른

• 글 ❸ 중심 내용 나무 구멍 속에 숨은 소도둑을 본 토끼가 호랑이에게 그 사실을 알려 줍니다. 호랑이가 슬금슬금 다가오자 소도둑은 나무 구멍을 막고 있던 토끼의 꼬리를 잡아당겼고, 토끼가 아파 비명을 지르자 호랑이는 깊은 산속으로 도망칩니다.

093쪽 지문 독해

1 (1) ⓒ (2) ⓑ (3) ⓐ **2** ④ **3** ⑤ **4** (1) ○

1 토끼가 소도둑이 숨어 있는 나무 구멍을 엉덩이로 막아 버리자 소도둑은 토끼 꼬리를 힘껏 잡아당겼습니다. 토끼의 비명 소리를 들은 호랑이는 겁에 질려 깊은 산속으로 도망가 버리고 말았습니다.

유형 공략/중심 내용

이야기 속 상황에서 인물들이 한 일이 무엇인지를 파악하는 것은 사건의 흐름을 이해하는 데 매우 중요합니다. 등장인물은 누구누구이고, 그 인물이 한 일이 무엇인지를 찾아 선으로 이어 봅니다.

2 소도둑은 호랑이가 나무 밑을 지날 때 얼른 가지를 잡아 호랑이 등에서 내려 나무 구멍 속에 숨었습니다.

3 호랑이는 나무 구멍 속에 있는 것이 자신이 두려워하는 곶감이 아니라 사람이라는 말을 들었을 때 안심이 되었을 것입니다. 그러나 토끼가 나무 구멍 속에 있는 것에게 공격을 당해서 비명을 지르자 다시 무섭고 두려워졌을 것입니다.

오답 풀이

① ㉠에서 토끼가 나무 구멍 속에 있는 것이 무서운 곶감이 아니라 사람이라고 말했으므로 호랑이가 무서운 마음이라고 할 수 없습니다.
② ㉡에서 토끼가 비명을 지르자 호랑이가 산속으로 도망가 버렸으므로 미안한 마음이 아니라 무서운 마음이 알맞습니다.
③ ㉠에서 호랑이가 토끼에게 미안함을 느낄 까닭이 없습니다.
④ ㉠에서 호랑이는 토끼에게 고마웠을 것이고, ㉡에서는 무서운 마음이 들었을 것입니다.

4 곶감을 엄청 무서운 놈이라고 착각한 호랑이는, 소도둑이 자신의 등에 올라탔을 때나 텅 빈 나무 구멍에 숨어 있을 때, 직접 확인해 보지도 않고 무서워만 하며 도망쳐 버리는 어리석은 모습을 보여 줍니다.

오답 풀이

(2) 호랑이가 소도둑을 해치지 않은 것은 소도둑을 무서운 곶감이라고 착각해 겁을 먹었기 때문이지 마음이 착해서가 아닙니다.
(3) 소도둑은 호랑이에게 정체를 들킬 위기에 처했을 때 토끼 꼬리를 잡아당긴 덕분에 위기에서 벗어날 수 있었습니다. 이와 같은 소도둑의 행동은 현명하고 재치 있는 행동이라고 할 수 있습니다.

094쪽 지문 분석

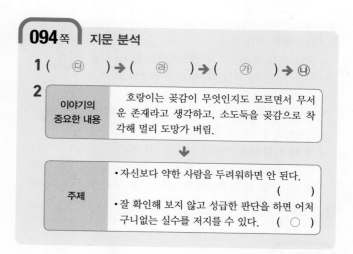

1 (ⓒ) ➡ (ⓓ) ➡ (ⓐ) ➡ ⓑ

2

이야기의 중요한 내용	호랑이는 곶감이 무엇인지도 모르면서 무서운 존재라고 생각하고, 소도둑을 곶감으로 착각해 멀리 도망가 버림.

↓

주제	• 자신보다 약한 사람을 두려워하면 안 된다. ( ) • 잘 확인해 보지 않고 성급한 판단을 하면 어처구니없는 실수를 저지를 수 있다. (○)

1 토끼는 호랑이에게 나무 구멍 속에 숨어 있는 것이 사람이라고 알려 주고, 소도둑이 도망가지 못하도록 나무 구멍을 자신의 엉덩이로 막아 버립니다. 호랑이가 나무 쪽으로 다가오자, 소도둑은 무서워 떨다가 꾀를 내어 토끼 꼬리를 힘껏 잡아당기고, 아파서 비명을 지르는 토끼의 소리를 듣고 겁이 난 호랑이는 달아나 버립니다.

2 호랑이는 자신의 등에 소도둑이 타고 있는데도 무서운 곶감으로 생각해서 도망을 치고, 토끼가 구멍 속에 숨은 것이 소도둑이라고 알려 줘도 제대로 확인하지 않은 채 토끼의 비명에 놀라 도망가는 어리석은 모습을 보입니다. 이처럼 제대로 확인하지 않고 성급한 판단으로 어처구니없는 실수를 저지르게 된 호랑이의 이야기를 통해 잘 확인해 보지 않고 성급하게 판단하지 말자는 교훈을 전해 주고 있습니다.

095쪽 오늘의 어휘

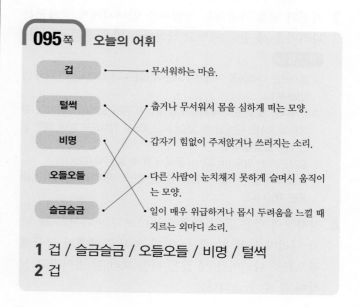

겁	•	무서워하는 마음.
털썩		춥거나 무서워서 몸을 심하게 떠는 모양.
비명		갑자기 힘없이 주저앉거나 쓰러지는 소리.
오들오들		다른 사람이 눈치채지 못하게 슬며시 움직이는 모양.
슬금슬금		일이 매우 위급하거나 몹시 두려움을 느낄 때 지르는 외마디 소리.

1 겁 / 슬금슬금 / 오들오들 / 비명 / 털썩
2 겁

- **글의 종류** 전래 동화
- **글의 특징** 달래마을 세 딸과 나리마을 세 딸을 비교하면서 진정한 효도란 무엇인지에 대해 생각해 볼 수 있게 하는 옛 이야기입니다.
- **글의 주제** 진정한 효도는 마음 깊은 곳으로부터 우러나오는 부모님을 위하는 마음이다.
- **글 ❶ 중심 내용** 자신의 딸들이 세상에서 가장 예쁘고 착하다고 생각하는 달래마을 아버지는 장사꾼에게 나리마을 세 딸 이야기를 듣고 자신의 딸들과 나리마을 세 딸 중 누가 더 예쁘고 착한지 궁금해졌습니다.

097쪽 　지문 독해

1 ㉑　**2** ⑤　**3** ②　**4** ④

1 달래마을 부자 아버지에게는 돈보다 더 소중한 세 딸이 있었습니다.

2 달래마을 아버지가 한 '자기 딸들처럼 예쁘고 착한 딸이 있을까'라는 말에 장사꾼이 나리마을 세 딸을 이야기해 줍니다. 그 말에 아버지가 놀란 것은 나리마을에도 예쁘고 착한 딸들이 있다는 말을 들었기 때문으로, 자신의 세 딸에 대한 마음을 드러낸 것은 아닙니다.

　유형 공략 / 세부 내용
이야기에는 등장인물의 마음이나 성격 등이 나타나는데, 글에 직접적으로 써 있기도 하고, 등장인물의 말과 행동을 통해 간접적으로 드러나기도 합니다. 이 글에서는 달래마을 아버지의 마음이 직접적으로 써 있는 문장도 있고, 달래마을 아버지의 말과 행동을 통해 나타나기도 합니다.

3 자신의 딸을 자랑하는 달래마을 아버지에게 장사꾼은 나리마을 세 딸도 예쁘고 착하다는 말을 전해 줍니다.

　오답 풀이
① 장사꾼은 나리마을 아버지가 재산이 많은지에 대해서는 말하지 않았습니다.
③ 달래마을 세 딸은 아버지에게 잘 보이기 위해 노력하고 있지만, 정성으로 모시는지는 알 수 없습니다. 그리고 장사꾼은 이에 대한 말은 하지 않았습니다.
④ 장사꾼이 한 말도 아니며 이 글에서 알 수 없는 내용입니다.
⑤ 이 글에서 알 수 있는 내용이지만 장사꾼이 아버지에게 들려준 내용은 아닙니다.

4 장사꾼의 말을 듣고 달래마을 아버지는 자신의 세 딸과 나리마을 세 딸 중 누가 더 착하고 예쁠지 궁금해졌으므로 나리마을 세 딸을 직접 보러 갈 것이라고 짐작해 볼 수 있습니다.

098쪽 　지문 분석

1

큰딸: 아버지는 글을 잘 읽는 나를 가장 사랑하실 거야.	→	아버지는 나를 가장 사랑하실 거야.
작은딸: 아버지는 예쁜 나를 가장 사랑하실 걸.		아버지는 우리 세 자매 모두를 똑같이 사랑하실 거야.
막내딸: 나는 언제나 아버지 곁에 있을래.		

2

큰딸	작은딸	막내딸
❶▢▢▢ 을/를 열심히 함.	날마다 ❷▢▢를 예쁘게 꾸밈.	❸▢▢▢ 곁을 졸졸 따라다님.

❶(글공부)　❷(외모)　❸(아버지)

1 큰딸은 아버지가 글을 잘 읽는 자신을 가장 사랑할 것이라고 생각하고, 작은딸은 아버지가 예쁜 자신을 가장 사랑할 것이라고 생각합니다. 또, 막내딸은 아버지 곁에 있겠다며 아버지의 곁을 졸졸 따라다녔습니다. 이런 세 딸의 행동은 모두 아버지가 나머지 딸들보다 자신을 더 사랑할 것이라는 생각에서 나온 것들입니다.

2 달래마을 세 딸은 아버지의 사랑을 받기 위해 노력합니다. 큰딸은 글공부를 열심히 하고, 작은딸은 날마다 예쁘게 꾸미고 막내딸은 아버지 곁을 졸졸 따라다녔습니다.

099쪽 　오늘의 어휘

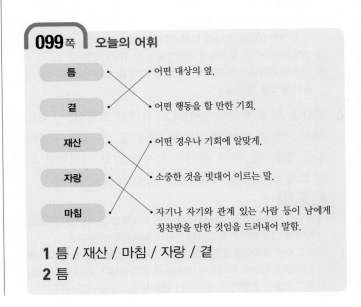

1 틈 / 재산 / 마침 / 자랑 / 곁
2 틈

- 글 ❷ **중심 내용** 달래마을 아버지는 나리마을 세 딸이 얼마나 예쁘고 착한지 확인하기 위해 찾아가고, 나리마을 세 딸이 아버지를 위하는 마음에서 바지를 깡동바지로 만든 것을 보고 세 딸의 효심을 확인합니다.

101쪽 **지문 독해**

1 (3) ○　**2** ⑤　**3** ②　**4** ④

1 나리마을 아버지는 세 딸한테 바지를 한 뼘 줄여 달라고 부탁하고, 세 딸은 아버지를 위하는 마음에서 각자 한 뼘씩을 줄여 깡동바지를 만듭니다.

2 달래마을 아버지는 나리마을 아버지의 바지가 무릎이 드러날 정도로 짧아져 있어서 웃은 것입니다.

오답 풀이

① 바지가 큰 것이 아니라 바지가 많이 짧아졌습니다.
② 짧은 바지가 웃겼던 것으로, 바지가 마음에 든 것은 아닙니다.
③ 바지에 얼룩이 묻었다는 내용은 나타나 있지 않습니다.
④ 줄여진 바지가 한 뼘밖에 안 된다는 내용은 나타나 있지 않습니다.

3 나리마을 세 딸은 아버지를 아끼고 위하는 마음에서 바느질을 서로에게 미루지 않고 각자 한 뼘씩 줄인 것입니다.

오답 풀이

① 나리마을 아버지의 말과 행동으로 보아 마음이 넓고 인자한 성격입니다. 따라서 세 딸이 각각 아버지의 바지를 줄인 것은 아버지가 무서워서가 아니라 아버지를 아끼고 위하는 마음 때문입니다.
③ 아버지의 바지를 줄이는 일이 귀찮았다면 바지 줄이는 일을 서로에게 미루었을 것입니다.
④ 바느질을 끝내고 놀고 싶은 마음은 이 글에 나와 있지 않습니다.
⑤ 나리마을 세 딸이 언니와 동생에게 일을 미루고 싶었다면 아무도 바지를 줄이지 않았을 것입니다.

4 나리마을 세 딸이 아버지의 바지를 깡동바지로 만든 것을 보면서 달래마을 아버지는 나리마을 세 딸이 소문대로 착하다고 생각했을 것이고, 자신의 딸들 또한 자신을 위해 바지를 각자 한 뼘씩 줄일 것이라고 생각했을 것입니다.

유형 공략 / 추론

인물이 어떤 생각을 할지 짐작해 보기 위해서는 먼저 인물이 처한 상황이 어떠한지 파악해야 합니다. 달래마을 아버지는 나리마을 세 딸이 자신의 딸들보다 착하고 예쁘다는 소문을 듣고 궁금해서 찾아왔습니다. 그 뒤 나리마을 세 딸이 아버지를 위하는 마음에서 바지를 깡동바지로 만든 것을 지켜 본 상황입니다. 이러한 상황에서 달래마을 아버지가 어떤 생각을 할지 알맞은 것을 모두 찾아봅니다.

102쪽 **지문 분석**

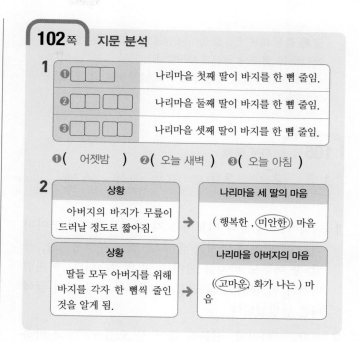

1

❶ □□□	나리마을 첫째 딸이 바지를 한 뼘 줄임.
❷ □□□□	나리마을 둘째 딸이 바지를 한 뼘 줄임.
❸ □□□□	나리마을 셋째 딸이 바지를 한 뼘 줄임.

❶(어젯밤)　❷(오늘 새벽)　❸(오늘 아침)

2

상황		나리마을 세 딸의 마음
아버지의 바지가 무릎이 드러날 정도로 짧아짐.	→	(행복한 , (미안한) 마음
상황		나리마을 아버지의 마음
딸들 모두 아버지를 위해 바지를 각자 한 뼘씩 줄인 것을 알게 됨.	→	((고마운) 화가 나는) 마음

1 첫째 딸은 '어젯밤'에 한 뼘만 줄였다고 하였고, 둘째 딸은 '새벽'에 또 한 뼘을 줄였다고 하였습니다. 그리고 셋째 딸이 언니들이 줄인 것을 모르고 '아침'에 한 뼘 더 줄였다고 말하였습니다. 따라서 바지는 나리마을 아버지가 줄여 달라고 부탁한 '어젯밤', '오늘 새벽', '오늘 아침'에 걸쳐 각각 한 뼘씩 줄여졌습니다.

2 나리마을 세 딸은 아버지의 바지가 깡동바지가 된 것을 보고 서로 자기 잘못이라며 미안해하고, 아버지는 자신을 위해 바지를 줄여 준 세 딸의 착한 마음씨에 웃으며 고마워합니다.

103쪽 **오늘의 어휘**

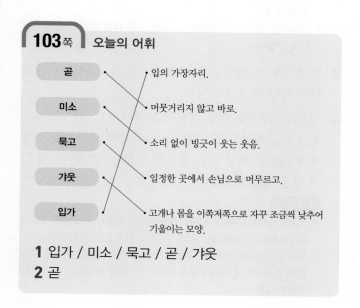

곧	•	• 입의 가장자리.
미소	•	• 머뭇거리지 않고 바로.
묵고	•	• 소리 없이 빙긋이 웃는 웃음.
갸웃	•	• 일정한 곳에서 손님으로 머무르고.
입가	•	• 고개나 몸을 이쪽저쪽으로 자꾸 조금씩 낮추어 기울이는 모양.

1 입가 / 미소 / 묵고 / 곧 / 갸웃
2 곧

- 글 ❸ **중심 내용** 집으로 돌아온 달래마을 아버지는 딸들에게 바지를 한 뼘 줄여 달라고 부탁합니다. 하지만 다음 날 바지는 조금도 줄지 않았고, 세 딸들은 서로 남의 탓을 하기만 할 뿐이었습니다.

105쪽 지문 독해

1 ⑤　**2** ④　**3** (1) ㉮ (2) ㉰ (3) ㉯　**4** ㉯

1 나리마을 세 딸과 비교해 보기 위해서 달래마을 아버지는 세 딸에게 바지를 줄여 줄 것을 부탁했지만, 세 딸 중 아무도 바지를 줄여 놓지 않았습니다. 이처럼 바지가 이 글의 중심 글감, 소재로서 가장 많이 글에 나온 낱말입니다.

2 큰딸은 "아버지, 선물도 많이 사 오셨죠?"라고 말하며 손을 내밀었습니다. 그리고 아버지가 선물이 없다고 하자 실망한 모습을 보입니다. 이로 보아 손을 내민 것은 선물을 받고 싶다는 뜻이 담겨 있습니다.

〈유형 공략 / 표현〉
'손(을) 내밀다'라는 관용 표현은 '무엇을 달라고 요구하거나 구걸하다.', '도움. 간섭 등의 행위가 어떤 곳에 미치게 하다.', '친하려고 나서다.' 등 여러 가지 뜻으로 쓰이는 말이므로 관용 표현이 쓰인 문장의 앞뒤 상황을 잘 살펴 적절한 뜻을 알아내야 합니다.

〈오답 풀이〉
① '넘어져 있는 그에게 손을 내밀었다.'와 같은 예일 때의 뜻입니다.
② '우리가 처음 만났을 때, 네가 먼저 나에게 같이 놀자고 손을 내밀었지.'와 같은 예일 때의 뜻입니다.
③ '모든 것을 잃은 놀부는 흥부에게 손을 내밀었다.'와 같은 예일 때의 뜻입니다.
⑤ '아버지는 친구 아버지에게 인사하며 손을 내밀었다.'와 같은 예일 때의 뜻입니다.

3 달래마을 세 딸들은 아버지의 부탁을 들어주지 않고 남의 탓만 하고 있습니다.

4 이 글은 부모님에게 진심으로 감사하고, 효도하자는 깨달음을 전하고 있는데, ㉯는 엄마의 심부름을 동생에게 미루는 행동으로, 효도하지 않는 달래마을 세 딸과 같은 행동입니다.

〈오답 풀이〉
㉮ 피곤해하시는 아빠의 어깨를 주물러 드린 행동은 부모님께 진심으로 감사하고 효도하자는 글의 깨달음과 관련 있는 행동입니다.
㉰ 늦게 퇴근하시는 엄마를 위해 자기 방을 스스로 치운 행동은 부모님께 진심으로 감사하고 효도하자는 이 글의 깨달음과 관련 있는 행동입니다.

106쪽 지문 분석

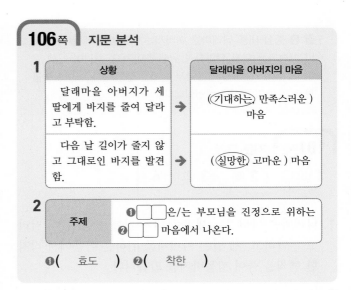

1

상황	달래마을 아버지의 마음
달래마을 아버지가 세 딸에게 바지를 줄여 달라고 부탁함. →	(기대하는 / 만족스러운) 마음
다음 날 길이가 줄지 않고 그대로인 바지를 발견함. →	(실망한 / 고마운) 마음

2

주제	❶ [　] 은/는 부모님을 진정으로 위하는 ❷ [　] 마음에서 나온다.

❶(효도)　❷(착한)

1 달래마을 아버지는 자신의 세 딸들 역시 나리마을 세 딸처럼 바지를 줄여 달라고 하면 깡동바지를 만들어 주지 않을까 기대했습니다. 그런데 다음 날 달래마을 아버지가 받은 바지는 깡동바지가 아닌, 길이가 그대로인 바지였습니다. 달래마을 아버지는 그대로인 바지를 보고 실망을 하였을 것입니다.

2 효도는 부모를 정성껏 잘 섬기는 것입니다. 이 글에서는 나리마을 세 딸과 달래마을 세 딸이 아버지의 부탁을 듣고 한 행동을 통해 효도는 진정으로 위하는 착한 마음에서 나온다는 주제를 전하고 있습니다.

107쪽 오늘의 어휘

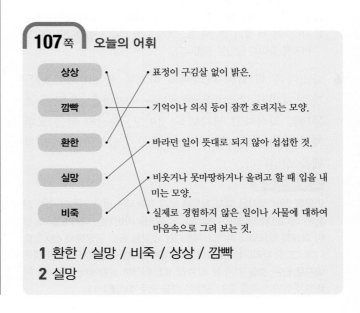

상상	표정이 구김살 없이 밝은.
깜빡	기억이나 의식 등이 잠깐 흐려지는 모양.
환한	바라던 일이 뜻대로 되지 않아 섭섭한 것.
실망	비웃거나 못마땅하거나 울려고 할 때 입을 내미는 모양.
비죽	실제로 경험하지 않은 일이나 사물에 대하여 마음속으로 그려 보는 것.

1 환한 / 실망 / 비죽 / 상상 / 깜빡
2 실망

• **글의 종류** 외국 동화
• **글의 특징** 눈과 귀도 없고, 생각할 수도 없는 꼬리가 맨날 머리만 쫓아다니는 것에 불만을 품고, 머리 대신 자신이 앞장 서서 가다가 각종 위험을 만나 결국에는 죽음에 이르게 된다는 이야기를 통해, 너무 큰 욕심을 부리는 것을 경계하라는 교훈을 주는 글입니다.
• **글의 주제** 지나친 욕심을 부리지 말자.
• **중심 내용** 항상 머리가 가는 대로 끌려다니는 것이 불만이었던 뱀의 꼬리가 앞장을 서기로 합니다. 웅덩이, 가시덤불에 빠져 머리의 도움으로 위기에서 벗어났지만, 결국 뱀의 꼬리는 불길 속으로 들어가 빠져나오지 못했습니다.

109쪽 지문 독해

1 머리 **2** ①, ⑤ **3** ① **4** ⑤

1 뱀의 꼬리는 항상 머리가 가는 대로 이리저리 끌려다니는 것이 불공평하다고 머리에게 불만을 말했습니다.

2 뱀의 꼬리가 불만을 말하자, 뱀의 머리는 뱀의 꼬리에게 "너는 눈도 없고, 귀도 없고, 생각할 수도 없잖아. 그러니 위험이 닥쳐도 해결할 수가 없으니 그럴 수밖에."라고 대답합니다.

유형 공략 / 세부 내용
인물이 어떤 말을 했는지 묻는 문제입니다. 따라서 문제에서 말한 상황이 어떠한 상황인지 먼저 확인하고, 그러한 상황에서 인물이 한 말을 다시 찾아보아야 합니다. 뱀의 꼬리가 뱀의 머리에게 불만을 이야기했을 때 뱀의 머리가 어떠한 내용으로 대답했는지 찾아봅니다.

오답 풀이
② 뱀의 머리가 뱀의 꼬리에게 빠르지 않다고 말하는 내용은 없습니다.
③, ④ 뱀은 손과 다리가 없으므로, 뱀의 머리가 뱀의 꼬리에게 손과 다리가 없다고 말하는 것은 어울리지 않습니다.

3 ㉠은 '뱀의 머리'를 가리키고, ㉡~㉤은 '뱀의 꼬리'를 가리킵니다.

4 뱀의 꼬리는 뱀의 머리가 말한 것처럼 눈도 없고, 귀도 없고, 생각할 수도 없어 위험이 닥쳐도 해결할 수가 없는데도 이것을 인정하지 않았습니다. 따라서 뱀의 꼬리가 자신이 할 수 없는 일이 있다는 것을 인정하지 않은 문제점을 말할 수 있습니다.

오답 풀이
① 뱀의 머리는 머리의 역할 때문에 앞장섰다고 이해하는 것이 적절합니다.
②, ③ 이 글에 나오지 않는 내용입니다.
④ 뱀의 꼬리는 뱀의 머리에게 항상 불만을 가지고 있었습니다.

110쪽 지문 분석

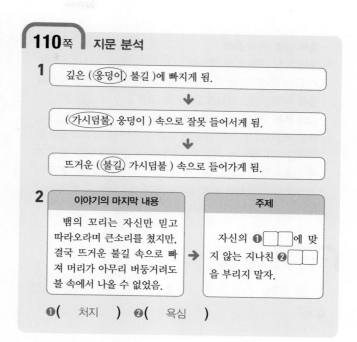

1
깊은 ((웅덩이) / 불길)에 빠지게 됨.
↓
((가시덤불) / 웅덩이) 속으로 잘못 들어서게 됨.
↓
뜨거운 ((불길) / 가시덤불) 속으로 들어가게 됨.

2

이야기의 마지막 내용	주제
뱀의 꼬리는 자신만 믿고 따라오라며 큰소리를 쳤지만, 결국 뜨거운 불길 속으로 빠져 머리가 아무리 버둥거려도 불 속에서 나올 수 없었음.	자신의 ❶□□에 맞지 않는 지나친 ❷□□을 부리지 말자.

❶(처지) ❷(욕심)

1 뱀의 꼬리는 앞장서서 가다가 깊은 웅덩이에 빠지고 머리의 도움으로 웅덩이에서 기어 나올 수 있었습니다. 그러나 꼬리는 또다시 가시덤불 속으로 빠지게 되었고, 머리의 도움으로 겨우 빠져나올 수 있었습니다. 그렇지만 끝까지 욕심을 부려 결국 뜨거운 불길 속으로 빠지고 말았습니다.

2 웅덩이와 가시덤불에 빠져 머리의 도움으로 가까스로 위험을 넘겼는데도 꼬리는 자신 있다며 큰소리를 치고, 결국 불길 속으로 들어가 빠져나올 수 없게 되었습니다. 이를 통해 자신의 처지에 맞지 않는 지나친 욕심을 부리지 말자는 교훈을 주고 있습니다.

111쪽 오늘의 어휘

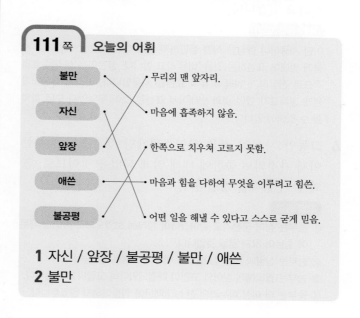

불만	•	• 무리의 맨 앞자리.
자신	•	• 마음에 흡족하지 않음.
앞장	•	• 한쪽으로 치우쳐 고르지 못함.
애쓴	•	• 마음과 힘을 다하여 무엇을 이루려고 힘씀.
불공평	•	• 어떤 일을 해낼 수 있다고 스스로 굳게 믿음.

1 자신 / 앞장 / 불공평 / 불만 / 애쓴
2 불만

- **글의 종류** 외국 동화
- **글의 특징** 모든 것에 불만을 갖고 괴로워했던 농부에게 랍비가 다른 문젯거리를 주고 농부가 그것을 해결해 가는 모습을 통해 행복은 마음먹기에 달렸다는 교훈을 주는 글입니다.
- **글의 주제** 행복은 마음먹기에 달렸다.
- **중심 내용** 집과 가족 때문에 불만인 가난한 농부가 랍비를 찾아갑니다. 랍비는 처음에는 산양을, 다음에는 닭을 집 안에서 기르라고 합니다. 모든 게 엉망진창이라고 말하는 농부에게 랍비가 처음처럼 산양과 닭을 밖에서 기르라고 하자 농부는 집이 궁전 같다며 행복해합니다.

113쪽 **지문 독해**

1 집, 애들, 잔소리꾼   **2** ①, ②, ④   **3** 궁전
4 ⑤

1 농부는 랍비에게 찾아가 우리 집은 비좁은 데다가 애들은 많고, 마누라는 고약한 잔소리꾼이라고 불만을 이야기했습니다.

2 랍비는 농부의 고민을 듣고 처음에는 산양을 집 안에서 기르라고 했고, 그다음에는 닭도 함께 기르라고 했다가 마지막에는 산양과 닭을 처음처럼 밖에서 기르라고 했습니다.

　오답 풀이
③ 랍비가 집 안에서 기르라고 한 것은 산양과 닭입니다.
⑤ 랍비는 농부에게 혼자 살라고 이야기하지 않았습니다.

3 농부는 무척 행복해하며 자신의 집을 '궁전'이라고 표현하고 있습니다.

　유형 공략/표현
어떤 사물이나 현상을 직접 설명하지 않고 다른 비슷한 상황이나 사물에 빗대어 표현하는 것을 '비유'라고 합니다. 글쓴이는 생각을 효과적으로 전달하기 위해 비유적 표현을 사용합니다. 따라서 글쓴이가 원래 말하고자 했던 것과 빗대어서 표현한 것이 무엇인지 모두 파악할 수 있어야 합니다.

4 그동안 자신의 집을 불만스럽게만 생각했던 농부는 이제 가정의 소중함에 대해 알게 되었을 것이므로, ⑤와 같이 생각할 것입니다.

　오답 풀이
① 농부는 집이 궁전과도 같아졌다며 행복해 보였으므로 아이들 때문에 힘들어 하지 않을 것입니다.
② 농부는 산양과 닭을 집 밖으로 내보내고 행복해졌습니다.
③ 농부는 랍비에게 찾아가 고민이 해결되었다며 고맙다고 했습니다.
④ 농부는 더 이상 마누라의 잔소리 때문에 힘들어하지 않았습니다.

114쪽 **지문 분석**

1

때	농부의 상황
❶[　]을/를 처음 찾아왔을 때	집은 비좁고, 애들은 많고, 마누라는 고약한 잔소리꾼이라고 괴로워함.
집 ❷[　]에서 산양과 닭을 길렀을 때	마누라는 잔소리를 퍼붓고, 산양은 길길이 날뛰고, 닭까지 설쳐 댄다고 울부짖음.
산양과 닭을 집 ❸[　]으로 내보냈을 때	이제야 살 것 같다며 행복해함.

❶(랍비) ❷(안) ❸(밖)

2

농부가 행복해진 까닭	글쓴이가 말하고 싶은 것
산양과 닭을 집 안에서 기르자 농부는 몹시 힘들어졌지만 산양과 닭을 다시 내보내고 처음보다 더 행복해짐.	• 꿈은 크게 가져야 한다. (　　) • 행복은 마음먹기에 달렸다. (○)

1 농부는 집은 비좁고, 애들은 많고, 마누라는 고약한 잔소리꾼이라고 이야기합니다. 그리고 농부는 랍비의 말대로 산양과 닭을 집 안에서 기르자, 모든 것이 엉망진창이 되었다며 울부짖었습니다. 다시 랍비의 말대로 산양과 닭을 집 밖으로 다시 내보낸 농부는 랍비에게 집이 궁전 같고 행복해졌다고 말했습니다.

2 농부의 이야기를 통해 행복은 마음먹기에 달렸다는 교훈을 깨닫게 해 주는 글입니다.

115쪽 **오늘의 어휘**

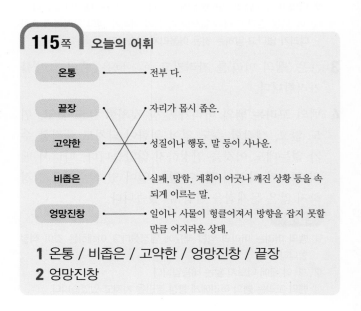

온통 ——— 전부 다.

끝장 ——— 자리가 몹시 좁은.

고약한 ——— 성질이나 행동, 말 등이 사나운.

비좁은 ——— 실패, 망함, 계획이 어긋나 깨진 상황 등을 속되게 이르는 말.

엉망진창 ——— 일이나 사물이 헝클어져서 방향을 잡지 못할 만큼 어지러운 상태.

1 온통 / 비좁은 / 고약한 / 엉망진창 / 끝장
2 엉망진창

- **글의 종류** 외국 동화
- **글의 특징** 겉으로 보이는 재산은 사라질 수 있지만, '배움'은 보이지 않아 누구도 가져갈 수 없기에 '배움'이 많은 사람이 진짜 부자라는 교훈을 주는 글입니다.
- **글의 주제** 절대로 잃어버릴 위험이 없는 배움(지혜)이 가장 소중하다.
- **중심 내용** 서로 자신의 재산을 자랑하던 부자들은 자신이 가장 부자라고 말하는 가난한 랍비를 비웃습니다. 얼마 후 해적들이 배를 습격해 빈털터리가 된 부자들은 지혜로운 랍비가 선생님이 되어 많은 사람들로부터 존경을 받게 되자 배움이 영원히 없어지지 않는 가장 큰 재산이라는 것을 깨닫습니다.

117쪽 지문 독해

1 ④ **2** 척 **3** ④, ⑤ **4** (3) ○

1 겉으로 재산을 많이 가진 자는 '부자들'이었지만, 어떤 상황이 와도 자신의 것을 빼앗기지 않는 진짜 부자는 '랍비'였습니다.

2 배를 세는 단위는 '척'입니다.

> **유형 공략/표현**
> 수나 분량 등의 단위를 나타내는 여러 가지 말이 있습니다. '배 한 척, 자동차 한 대, 운동화 한 켤레, 나무 한 그루, 쌀 한 말'에서 '척', '대', '켤레', '그루', '말' 등이 단위를 나타내는 말입니다. 대상에 알맞게 단위를 나타내는 말을 사용할 수 있는지 묻는 문제가 종종 나오므로 여러 가지 단위를 나타내는 말에 대해 알아 둡니다.

3 부자들은 꾀죄죄한 옷차림을 하고 가난해 보이는 랍비가 자신이 가장 부자라고 이야기하며, 자신의 재산은 눈에 보이지 않는다고 말해서 비웃었습니다.

> **오답 풀이**
> ① 랍비는 부자들의 재산을 부러워하지 않았습니다.
> ② 랍비는 자기 재산을 자랑하지 않았습니다. 자기 재산을 자랑하느라 바빴던 사람은 부자들입니다.
> ③ 해적들이 배를 습격하자 부자들은 재산을 다 빼앗기고 빈털터리가 되었습니다. 하지만 랍비의 재산은 보이지 않는 것이라 해적들이 훔치지 못하였습니다.

4 해적에게 모든 재산을 다 빼앗겨 빈털터리가 된 부자들과 다르게, 랍비는 선생님이 되어 많은 사람들의 존경을 받습니다. 이처럼 랍비는 '배움(지혜)'의 중요성에 대한 깨달음을 주는 인물입니다. 이와 비슷한 깨달음을 주는 인물은 (3)의 학자입니다. (3)의 학자도 배움의 중요성에 대한 생각을 가지고 있으며, 사람들에게 지혜를 나누어 주고 있습니다.

118쪽 지문 분석

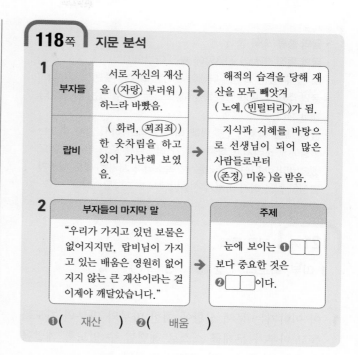

1 자기 재산을 자랑하느라 바빴던 부자들은 해적에게 재산을 모두 빼앗겨 빈털터리가 되었습니다. 그러나 이와 반대로 꾀죄죄한 옷차림을 하고 있던 랍비는 아는 것이 많고 지혜로워 많은 사람들로부터 존경을 받게 됩니다.

2 해적들에게 모든 재산을 빼앗기고 빈털터리가 된 부자들은 랍비가 자신의 배움을 바탕으로 학생들을 가르치는 선생님이 되어 존경을 받는 모습을 보고, 눈에 보이는 재산보다 배움이 더 중요한 것임을 깨닫습니다.

119쪽 오늘의 어휘

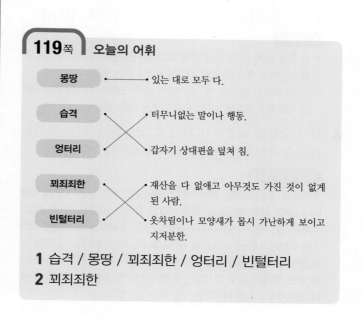

1 습격 / 몽땅 / 꾀죄죄한 / 엉터리 / 빈털터리
2 꾀죄죄한

- **글의 종류** 외국 동화
- **글의 특징** 마차가 진흙탕에 빠진 마부의 이야기를 통해 스스로 할 수 있는 최선을 다해야 한다는 교훈을 주는 글입니다.
- **글의 주제** 문제가 발생했을 때, 스스로 할 수 있는 최선을 다해야 한다.
- **중심 내용** 마차가 진흙탕에 빠져 꼼짝도 하지 않자 마부는 말들에게 소리치고 화를 내다가 하느님께 도와 달라고 기도했습니다. 어디선가 들려온 큰 목소리가 시키는 대로 마부가 열심히 일을 하자 마차가 진흙탕에서 빠져나왔습니다.

121쪽　지문 독해

1 마부, 목소리　　**2** ①　　**3** (2) ○　　**4** ②

1 이 이야기는 문제 상황에 처한 마부와 마부의 기도를 듣고 마부가 문제를 스스로 해결할 수 있도록 깨달음을 주는 큰 목소리의 대화로 진행됩니다.

2 짐을 가득 실은 마차가 진흙탕에 빠지고 말았습니다. 말들이 있는 힘껏 끌어도 마차는 꼼짝도 하지 않았습니다.

[오답 풀이]

② 마차에서 네 바퀴가 빠진 것이 아니라, 마차의 네 바퀴가 진흙탕에 빠진 것입니다.
③ 마부가 마차에서 떨어지지는 않았습니다.
④ 마차의 말들은 마차를 진흙탕에서 꺼내는 데 도움이 됩니다.
⑤ 마차의 짐들은 그대로 있으며 떨어지지 않았습니다.

3 '큰 목소리'가 한 말과 가장 잘 어울리는 속담은 어떤 일을 이루기 위해서는 자신의 노력이 중요하다는 것을 뜻하는 '하늘은 스스로 돕는 자를 돕는다'입니다.

[오답 풀이]

(1) 발 없는 말이 천 리 간다: 말은 발이 없지만 천 리 밖까지 순식간에 퍼진다는 뜻으로, 말을 삼가야 함을 이르는 말입니다.
(3) 열 길 물속은 알아도 한 길 사람의 속은 모른다: 사람의 속마음을 알기란 매우 힘듦을 비유적으로 이르는 말입니다.

4 문제 상황을 해결하기 위해 스스로 할 수 있는 최선을 다해야 한다는 교훈에 맞게 행동한 것은 ②입니다.

[유형 공략 / 적용]

옛이야기, 우화 등에는 읽는 이에게 깨달음을 주는 내용이 담겨 있습니다. 이와 같은 깨달음을 '교훈'이라고 합니다. 교훈은 곧 이야기의 주제이기도 하므로 옛이야기나 우화를 읽고 주제를 잘 파악하면 자연스레 이야기가 주는 교훈도 알 수 있습니다. 이야기에 담긴 교훈을 직접 묻는 문제, 우리가 생활 속에서 그 교훈을 어떻게 적용할 수 있는지 묻는 문제는 자주 출제되는 유형이므로 옛이야기나 우화를 읽을 때 이야기의 교훈을 파악하는 것은 매우 중요합니다.

122쪽　지문 분석

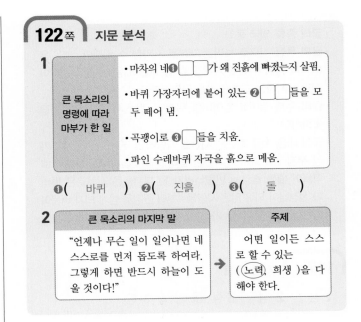

1

큰 목소리의 명령에 따라 마부가 한 일

- 마차의 네 **①**[　] 가 왜 진흙에 빠졌는지 살핌.
- 바퀴 가장자리에 붙어 있는 **②**[　]들을 모두 떼어 냄.
- 곡괭이로 **③**[　]들을 치움.
- 파인 수레바퀴 자국을 흙으로 메움.

①(바퀴)　**②**(진흙)　**③**(돌)

2

큰 목소리의 마지막 말	주제
"언제나 무슨 일이 일어나면 네 스스로를 먼저 돕도록 하여라. 그렇게 하면 반드시 하늘이 도울 것이다!"	→ 어떤 일이든 스스로 할 수 있는 ((노력), 희생)을 다해야 한다.

1 진흙탕에 빠진 마차를 꺼내려고 해도 마차가 꼼짝하지 않자 마부는 기도를 합니다. 이때 어디선가 들려온 큰 목소리는 "먼저 마차의 네 바퀴가 왜 빠졌는지를 살펴보도록 해라. 그리고 바퀴 가장자리에 붙어 있는 진흙들을 모두 떼어 내거라. 곡괭이로 돌들을 치우고 파인 수레바퀴 자국을 흙으로 메우거라."라고 말합니다.

2 큰 목소리는 무슨 일이 일어나면 스스로를 먼저 도우라고 하며 그러하면 반드시 하늘이 돕는다고 말합니다. 이 글에서는 이를 통해 문제가 발생하면 스스로 최선을 다해 모든 노력을 해야 한다는 것을 알려 주고 있습니다.

123쪽　오늘의 어휘

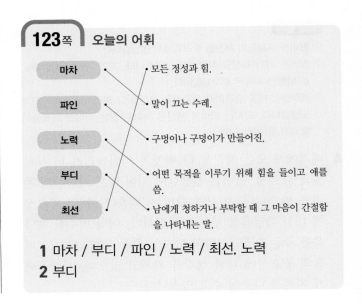

마차	모든 정성과 힘.
파인	말이 끄는 수레.
노력	구멍이나 구덩이가 만들어진.
부디	어떤 목적을 이루기 위해 힘을 들이고 애를 씀.
최선	남에게 청하거나 부탁할 때 그 마음이 간절함을 나타내는 말.

1 마차 / 부디 / 파인 / 노력 / 최선, 노력
2 부디

- **글의 종류** 외국 동화
- **글의 특징** 일이 잘될 때는 자신의 노력 덕분이라며 행운에 감사하지 않다가, 일이 잘되지 않자 불운 탓을 하는 장사꾼의 이야기를 통해, 교만한 마음을 버리고 나에게 주신 행운에 대해 감사하는 마음을 갖자는 교훈을 주는 글입니다.
- **글의 주제** 일이 잘되어 갈 때 교만한 마음을 버리고 나에게 주신 행운에 대해 감사하는 마음을 갖자.
- **중심 내용** 행운의 여신의 도움을 받아 큰 부자가 된 장사꾼이 있었지만, 그는 자신이 많은 노력을 한 덕분이라며 행운의 여신에게 고마운 마음을 갖지 않았습니다. 그러나 사업이 점점 잘되지 않다가 알거지까지 되자, 불행의 신을 탓했습니다. 친구는 더 현명해질 것을 충고합니다.

125쪽 지문 독해

1 (1) ㉯ (2) ㉮   **2** ①, ②, ④   **3** ㉰   **4** ①

1 장사꾼은 행운의 여신의 도움을 받아 큰 부자가 될 수 있었습니다. 하지만, 행운의 여신에게 감사 선물과 기도를 한 친구들과 달리 장사꾼은 행운의 여신에게 고맙다는 생각을 하지 않았습니다.

2 장사꾼은 주의를 기울이지 않고 쉽게 생각하고, 배가 풍랑을 만나 가라앉는 불운도 겪고, 모아 놓았던 돈을 마구 쓰다가 결국 알거지가 되고 맙니다.

3 '잘되면 제 탓, 못되면 조상 탓'은 성공하면 자기 공을 내세우고, 실패하면 그 책임을 남에게 돌리는 태도를 이르는 말로, 장사꾼의 태도와 같습니다.

(유형 공략 / 어휘)
속담은 예로부터 전해지는 조상들의 지혜가 담긴 표현으로, 한 문장에 교훈을 전달하는 내용을 포함하고 있습니다. 글의 내용과 관련 있는 속담을 찾기 위해서는 먼저 글에서 중요한 내용이 무엇인지 정확하게 파악할 수 있어야 하고, 제시된 속담이 어떤 뜻을 가지고 있는지도 잘 알고 있어야 합니다.

(오답 풀이)
㉮ 작은 고추가 더 맵다: 몸집이 작은 사람이 큰 사람보다 재주가 뛰어나고 야무짐을 비유적으로 이르는 말입니다.
㉯ 원숭이도 나무에서 떨어진다: 아무리 익숙하고 잘하는 사람이라도 간혹 실수할 때가 있음을 비유적으로 이르는 말입니다.

4 친구는 불행의 신을 탓하는 장사꾼에게 돈을 잘 벌 때는 행운의 여신을 모른 체하면서 잘못됐을 때는 신의 탓으로 돌린다고 했습니다. 이 말에 이어서 들어갈 말로는 ①이 가장 적절합니다.

126쪽 지문 분석

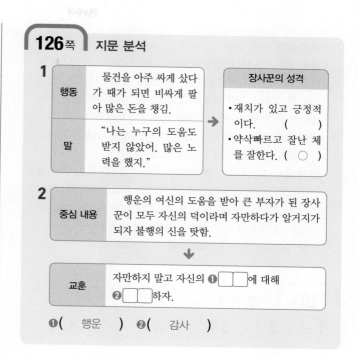

1

		장사꾼의 성격
행동	물건을 아주 싸게 샀다가 때가 되면 비싸게 팔아 많은 돈을 챙김.	• 재치가 있고 긍정적이다. ( )
말	"나는 누구의 도움도 받지 않았어. 많은 노력을 했지."	• 약삭빠르고 잘난 체를 잘한다. (○)

2

중심 내용	행운의 여신의 도움을 받아 큰 부자가 된 장사꾼이 모두 자신의 덕이라며 자만하다가 알거지가 되자 불행의 신을 탓함.

교훈	자만하지 말고 자신의 ❶[ ]에 대해 ❷[ ]하자.

❶(행운) ❷(감사)

1 장사꾼은 싸게 물건을 사서 비싼 값에 다시 파는 약삭빠른 태도로 많은 돈을 벌었습니다. 그리고 자신에게 좋은 일이 생겼을 때 자기가 행운을 타고났기 때문이라며 감사하는 마음을 갖지 않고, 자신은 누구의 도움도 받지 않고 노력했다며 잘난 체를 잘합니다.

2 장사꾼은 사업이 잘되고 돈을 잘 벌 때는 행운의 여신을 모른 체했습니다. 하지만 나쁜 일이 겹치고 알거지가 되자 장사꾼은 자신의 잘못을 탓하지 않고, 불행의 신, 운명의 탓을 합니다. 이러한 장사꾼의 모습을 통해 자만하지 말고 자신의 행운에 감사하자는 교훈을 전하고 있습니다.

127쪽 오늘의 어휘

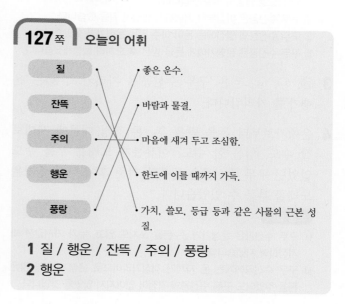

질	•	• 좋은 운수.
잔뜩	•	• 바람과 물결.
주의	•	• 마음에 새겨 두고 조심함.
행운	•	• 한도에 이를 때까지 가득.
풍랑	•	• 가치, 쓸모, 등급 등과 같은 사물의 근본 성질.

1 질 / 행운 / 잔뜩 / 주의 / 풍랑
2 행운

- **글의 종류** 외국 동화
- **글의 특징** 가난했지만 행복했던 구두 수선공이 은행가에게 돈을 받은 뒤부터 돈에 대한 걱정으로 잠을 자지도 못하고 일도 못 하고 노래를 부를 수도 없었다는 이야기를 통해 돈이 많다고 언제나 행복한 것은 아니라는 교훈을 주는 글입니다.
- **글의 주제** 돈이 많다고 언제나 행복한 것은 아니다. 오히려 돈이 많으면 큰 근심의 원인이 되기도 한다.
- **중심 내용** 가난하지만 행복했던 구두 수선공에게 옆집에 살던 돈 많은 은행가가 돈을 주었는데, 그 뒤로 돈에 대한 걱정 때문에 구두 수선공은 잠도 못 자고 일도 못 하고 노래를 부르지도 못했습니다. 그러나 은행가에게 돈을 다시 돌려주자 구두 수선공은 다시 노래를 부를 수 있었습니다.

129쪽 | 지문 독해

1 돈 **2** ④ **3** ③ **4** (2) ○

1 가난하지만 행복한 구두 수선공이 은행가에게 돈을 받으면서 일어난 일을 중심으로 이야기가 펼쳐집니다.

유형 공략 / 중심 소재

글을 쓰는 데 바탕이 되는 모든 재료를 소재라고 합니다. 그리고 소재 중에서 주제와 가장 많이 관련이 있는 것을 '중심 소재'라고 합니다. 이 글에서는 구두 수선공이 은행가로부터 돈을 받고 난 뒤의 일이 중심이 되므로, 중심 소재는 '은행가의 돈'이라고 할 수 있습니다.

2 아주 가난한 구두 수선공은 그날 벌어서 그날 먹고사는 어려운 생활을 했습니다.

오답 풀이

① 은행가는 매일 밤늦게까지 일하고 새벽이 되어서야 겨우 눈을 붙일 정도로 열심히 일을 했습니다.
② 구두 수선공은 아침부터 저녁까지 열심히 일을 했습니다.
③ 구두 수선공의 옆집에는 돈이 아주 많은 은행가가 살았습니다.
⑤ 구두 수선공은 은행가에게 돈을 받은 후 오히려 불행해졌습니다.

3 ㉠, ㉡, ㉣, ㉤은 '구두 수선공'을 가리키고, ㉢은 '은행가'를 가리킵니다.

4 은행가로부터 돈을 받은 후, 돈 걱정 때문에 제대로 잘 수도, 일을 할 수도, 여유롭게 노래를 부를 수도 없었던 구두 수선공은 돈을 돌려준 후에 다시 즐거운 노래를 부를 수 있었습니다.

오답 풀이

(1) 구두 수선공은 은행가가 준 돈을 쓰지도 않고, 누가 가져갈까 봐 걱정하며 지냈습니다.
(3) 구두 수선공에게는 돈 자체가 걱정거리이므로 은행가가 더 많은 돈을 주었어도 구두 수선공의 걱정이 없어지지 않았을 것입니다.

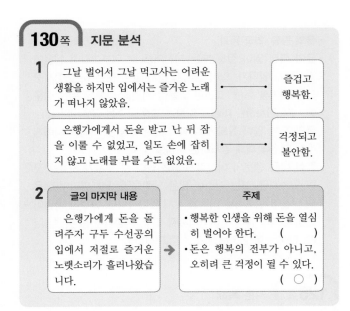

130쪽 | 지문 분석

1

| 그날 벌어서 그날 먹고사는 어려운 생활을 하지만 입에서는 즐거운 노래가 떠나지 않았음. | → | 즐겁고 행복함. |

| 은행가에게서 돈을 받고 난 뒤 잠을 이룰 수 없었고, 일도 손에 잡히지 않고 노래를 부를 수도 없었음. | → | 걱정되고 불안함. |

2

글의 마지막 내용		주제
은행가에게 돈을 돌려주자 구두 수선공의 입에서 저절로 즐거운 노랫소리가 흘러나왔습니다.	→	• 행복한 인생을 위해 돈을 열심히 벌어야 한다. ( ) • 돈은 행복의 전부가 아니고, 오히려 큰 걱정이 될 수 있다. (○)

1 구두 수선공은 아주 가난했지만, 입에서는 즐거운 노래가 떠나지 않고 행복했습니다. 그러나 은행가에게 돈을 받고 난 후 돈에 대한 걱정으로 불안하고 행복하지 않았습니다. 구두 수선공은 돈을 돌려준 후에야 다시 즐거운 노래를 부르고 행복해졌습니다.

2 돈이 생기자 불안하고 힘든 생활을 했던 구두 수선공이 은행가에게 돈을 다시 돌려주자 입에서 저절로 즐거운 노랫소리가 흘러나오며 행복을 되찾게 됩니다. 이러한 이야기를 통해 돈이 행복의 전부가 아니며 큰 걱정이 될 수도 있다는 주제를 전하고 있습니다.

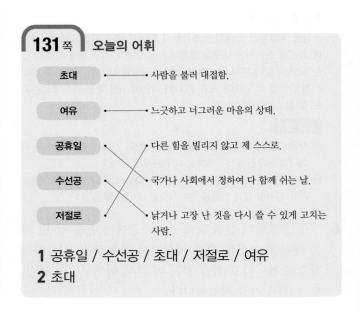

131쪽 | 오늘의 어휘

초대 ● ─ 사람을 불러 대접함.

여유 ● ─ 느긋하고 너그러운 마음의 상태.

공휴일 ● ─ 다른 힘을 빌리지 않고 제 스스로.

수선공 ● ─ 국가나 사회에서 정하여 다 함께 쉬는 날.

저절로 ● ─ 낡거나 고장 난 것을 다시 쓸 수 있게 고치는 사람.

1 공휴일 / 수선공 / 초대 / 저절로 / 여유
2 초대

- **글의 종류** 동시
- **글의 특징** 아직 말을 배우기 전의 아기가 엄마, 아빠의 부름에 표정으로 대답하고 있는 상황을 노래한 작품입니다. 말하지 못하는 입 대신 코와 눈으로 대답하는 아기의 모습이, '발름발름'과 '생글생글'이라는 흉내 내는 말로 생생하게 그려져 있습니다. 사랑스러운 아기의 모습이 상상되는 따뜻한 시입니다.
- **글의 짜임** 2연 6행

135쪽 지문 독해

1 ④　**2** ⑤　**3** 눈, 입　**4** ④

1 이 시에서 '아기'는 자신을 부르는 말에 코와 눈으로 '대답'을 하고 있습니다. 아직 말을 하지 못하기 때문에 코와 눈을 움직이는 것이 아기의 대답입니다.

2 아기가 코부터 발름발름하는 것은 엄마, 아빠가 자신의 이름을 부르는 소리에 대한 반응입니다. 아직 말을 못하는 아기의 대답인 것입니다.

오답 풀이

① 시의 내용을 볼 때, 콧물이 흐르는 상황은 찾아볼 수 없습니다.
② 시의 내용을 볼 때, 맛있는 냄새가 났다고 생각할 수는 없습니다.
③ 코를 움직이는 것은 자신의 이름을 부르는 소리가 들렸기 때문이므로, 소리가 잘 안 들린다는 이해는 알맞지 않습니다.
④ 시의 내용을 볼 때, 숨을 쉬는 것을 답답해하고 있다는 것은 확인할 수 없습니다.

3 '생글생글'은 눈과 입을 살며시 움직이며 소리 없이 정답게 웃는 모양을 흉내 내는 말입니다.

유형 공략/표현

낱말이 어떨 때 쓰이는가를 알기 위해서는 먼저 낱말의 정확한 뜻을 알아야 합니다. 사전에 나오는 의미를 외우지는 못하더라도, 낱말의 앞뒤 상황을 통해서, 또는 그 장면을 짐작해 봄으로써 파악할 수도 있습니다. '생글생글'이라는 것은 예쁘게 미소를 짓는 모습입니다.

오답 풀이

코: 코의 움직임을 나타내는 말로는 '발름발름'이 나와 있습니다. '발름발름'은 코와 같이 탄력 있는 물체가 조금 넓고 부드럽게 자꾸 바라졌다 오므라졌다 하는 모양을 나타내는 말입니다.
귀: 귀와 관련한 흉내 내는 말은 '쫑긋쫑긋'과 같은 것이 있으나 이 시에는 귀의 움직임을 나타내는 말은 없습니다.

4 이름을 부르자 코를 발름발름하고, 생글생글 웃는 아기의 모습은 사랑스럽고 귀엽습니다. 제시된 대상 가운데 이와 같은 모습을 빗대어 나타내기에 가장 알맞은 대상은 '사랑스러운 강아지'입니다.

136쪽 지문 분석

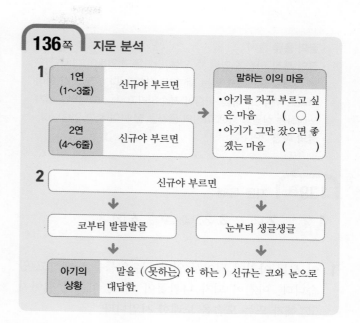

1 엄마, 아빠는 아기가 아직 말을 못하지만 자신들의 목소리를 알아듣고 움직이는 모습이 너무 예뻐서 자꾸만 아기의 이름을 부르는 것입니다.

2 부모가 '신규야' 하고 아기의 이름을 부르면 아직 말을 하지 못하는 아기는 코와 눈으로 대답합니다. 그런데 아기가 코는 발름발름, 눈은 생글생글하며 귀엽게 대답하는 것은 아직 말을 하지 못해서 그런 것이지, 일부러 말을 하지 않는 것은 아닙니다.

137쪽 오늘의 어휘

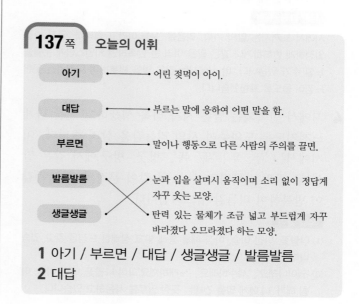

1 아기 / 부르면 / 대답 / 생글생글 / 발름발름
2 대답

- **글의 종류** 동시
- **글의 특징** 아침에 만날 수 있는 반가운 자연들이 마치 친구인 것처럼 표현되고 있는 재미있는 시입니다. 나팔꽃이 일어나라고 깨우고, 아침 이슬이 세수하라고 시키고, 아침 해가 노래하는 상황을 통해 아침의 풍경을 잘 보여 주고 있습니다.
- **글의 짜임** 3연 6행

139쪽 | 지문 독해

1 ② **2** ② **3** ②, ③, ④ **4** (2) ×

1 이 시는 아침이 되어서 일어나는 일들을 노래하고 있습니다. 아침이 되자 나팔꽃이 피고, 이슬이 떨어지고, 해가 뜨는 모습을 노래한 시입니다.

2 2연에서 아침 이슬을 떠올릴 수는 있지만, 이슬비가 내리는 모습이나 아이들이 우산을 쓰고 있는 모습은 이 시와 어울리지 않습니다.

[오답 풀이]
① 3연의 '아침 해가 노래하재요.'에서 해가 높이 떠오르는 모습이 떠오릅니다.
③ 1연의 '나팔꽃이 일어나래요.'에서 아침이 되어 나팔꽃이 활짝 피는 모습이 떠오릅니다.
④ 2연의 '아침 이슬이 세수하래요.'에서 아이가 아침 이슬이 세수하라는 말에 따라 세수하는 모습을 떠올릴 수 있습니다.
⑤ 2연의 '똑, 똑, / 아침 이슬이 세수하래요.'에서 아침 이슬이 나뭇잎 아래로 떨어지는 모습이 떠오릅니다.

3 '뚜', '똑', '방긋'이라는 말이 반복되어 노래하는 듯한 느낌이 들게 합니다.

[유형 공략 / 표현]
시에서 느껴지는 말의 가락, 리듬을 '운율'이라고 합니다. 글자 수를 일정하게 반복하거나 같은 말을 여러 번 반복하면 자연스럽게 운율을 느낄 수가 있습니다. 이 시에서는 같은 말을 반복하여 노래하는 듯한 느낌이 들도록 표현했습니다.

4 시에서 반복되는 말은 시가 더욱 생생하고 실감 나게 느껴지도록 도와주며 시의 리듬감을 살려 줍니다. 이 시에서는 '뚜, 뚜', '똑, 똑', '방긋, 방긋'에서 같은 말이 두 번씩 반복되고, '-요'와 같이 문장의 끝을 똑같이 반복하여 리듬감이 느껴집니다.

[오답 풀이]
(1) 나팔꽃, 아침 이슬, 아침 해를 통해 밝고 상쾌한 느낌을 주고 있습니다.
(3) '일어나래요', '세수하래요', '노래하재요'라며 나팔꽃, 아침 이슬, 아침 해가 '나'에게 말을 건네는 듯한 말투를 사용하고 있습니다.

140쪽 | 지문 분석

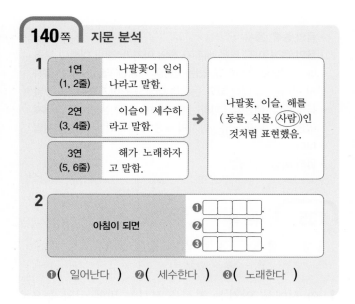

1

1연 (1, 2줄)	나팔꽃이 일어나라고 말함.
2연 (3, 4줄)	이슬이 세수하라고 말함.
3연 (5, 6줄)	해가 노래하자고 말함.

→ 나팔꽃, 이슬, 해를 (동물, 식물, ⓢ사람)인 것처럼 표현했음.

2

아침이 되면
❶ [ ] [ ] [ ] [ ].
❷ [ ] [ ] [ ] [ ].
❸ [ ] [ ] [ ] [ ].

❶(일어난다) ❷(세수한다) ❸(노래한다)

1 이 시에서는 '나팔꽃', '이슬', '해'가 말을 하는 것처럼 표현하고 있습니다. '나팔꽃이 일어나래요.', '아침 이슬이 세수하래요.', '아침 해가 노래하재요.'라며 아침이면 우리가 흔히 볼 수 있는 나팔꽃, 아침 이슬, 아침 해가 마치 사람이 되어 우리에게 말을 거는 것처럼 표현함으로써 아침의 풍경을 더욱 생생하고 정답게 느껴지도록 하고 있습니다.

2 이 시에서는 '아침'이 되면 제일 먼저 나팔꽃이 자리에서 일어나라고 합니다. 그러고 나서 아침 이슬이 세수를 하라고 합니다. 마지막으로 아침 해가 즐겁게 노래를 하자고 합니다.

141쪽 | 오늘의 어휘

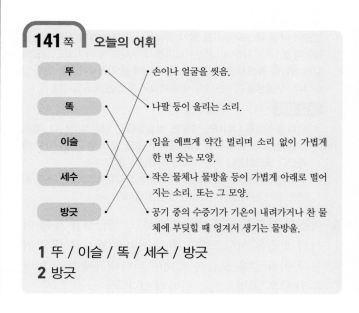

뚜	•	• 손이나 얼굴을 씻음.
똑	•	• 나팔 등이 울리는 소리.
이슬	•	• 입을 예쁘게 약간 벌리며 소리 없이 가볍게 한 번 웃는 모양.
세수	•	• 작은 물체나 물방울 등이 가볍게 아래로 떨어지는 소리. 또는 그 모양.
방긋	•	• 공기 중의 수증기가 기온이 내려가거나 찬 물체에 부딪힐 때 엉겨서 생기는 물방울.

1 뚜 / 이슬 / 똑 / 세수 / 방긋
2 방긋

• **글의 종류** 동시
• **글의 특징** 비눗방울 놀이를 하고 있는 아이들의 마음이 잘 드러나 있는 작품입니다. 특히 흉내 내는 말을 사용하여 내가 만든 비눗방울이 높이 올라가기를 바라는 마음을 재미있게 노래하고 있습니다.
• **글의 짜임** 2연 8행

143쪽 | 지문 독해

1 (1) ○　**2** ②, ④　**3** ④　**4** ③

1 이 시는 비눗방울을 날리며 비눗방울들이 구름까지, 하늘까지 날아갔으면 좋겠다는 마음을 노래하고 있습니다.

〔오답 풀이〕
⑵ 아이들은 비눗방울을 바라보고 있습니다. 그런데 아이들이 비눗방울이 구름까지 올라가기를 바라고 있는 것이지, 구름을 보며 노래하고 있는 것은 아닙니다.
⑶ 둥실둥실 떠 가는 것은 비눗방울입니다. 구름이 둥실둥실 떠 가는 것은 아닙니다.

2 말하는 이는 비눗방울이 구름과 하늘까지 올라가라고 노래하고 있습니다.

〔오답 풀이〕
① 이 시에 옥상이라는 장소는 나오지 않습니다.
③ 비눗방울이 지붕 위에 떠 있는 모습을 노래한 것이지 지붕까지 올라가라고 하지는 않았습니다.
⑤ 바람을 타고 구름까지 올라가라고 했습니다.

3 '날아라', '동동동', '올라라', '둥실둥실'은 모두 같은 말이 두 번씩 반복되고 있습니다. '하늘까지'는 2연에 한 번만 나오고 있습니다.

4 이 시는 반복되는 말과 흉내 내는 말을 사용하여 재미있고 실감 나며 노래 부르는 듯한 느낌이 들게 하는 시입니다. 말하는 이는 즐겁게 비눗방울 놀이를 하며 비눗방울이 높이 날아오르기를 바라고 있습니다. ③은 시의 내용과 비슷한 경험을 떠올린 것으로, 시를 읽으며 떠올린 생각 또는 느낌과 연결된 경험이라고 할 수 있습니다.

〔유형 공략 / 감상〕
시를 읽고 생각이나 느낌을 말할 때에는 시의 내용이나 주제, 시를 읽고 떠오르는 경험, 반복되는 말, 흉내 내는 말 등의 표현과 관련하여 말할 수 있습니다. 시는 글자 수, 표현 등을 반복하여 사용해 노래 부르는 듯한 느낌을 주기도 하고, 흉내 내는 말을 사용해 실감 나고 재미있는 느낌을 주기도 합니다.

144쪽 | 지문 분석

1

1연(1~4줄)
비눗방울∨날아라.
바람 □ 타고 ∨ 동동동.
구름까지∨올라라.
둥실둥실∨두둥실.

2연(5~8줄)
비눗방울∨날아라.
지붕 □ 위에 ∨ 동동동.
하늘까지∨올라라.
둥실둥실∨두둥실.

2

구름까지 올라라 둥실둥실 두둥실.	하늘까지 올라라 둥실둥실 두둥실.

↓　↓

말하는 이의 마음	비눗방울이 가볍게 (낮게, (높이), 가까이) 날아오르기를 바람.

1 이 시는 모든 행(줄)을 두 부분으로 나누어 끊어 읽을 수 있습니다. '바람 타고 동동동.'과 '지붕 위에 동동동.'도 네 글자와 세 글자로 나누어 '바람 타고∨동동동.', '지붕 위에∨동동동.'처럼 나누어 읽는 것이 좋습니다.

2 비눗방울이 떠서 날아가는 모습을 나타내고 있는 '둥실둥실 두둥실'에서 '둥실둥실'은 물체가 공중이나 물 위에 가볍게 떠서 계속 움직이는 모양을 흉내 내는 말이고, '두둥실'은 물 위나 공중으로 가볍게 떠오르거나 떠 있는 모양을 흉내 낸 말입니다. 말하는 이는 비눗방울이 '둥실둥실 두둥실' 가볍게 떠서 '구름'까지, '하늘'까지 높이 날아오르기를 바랍니다.

145쪽 | 오늘의 어휘

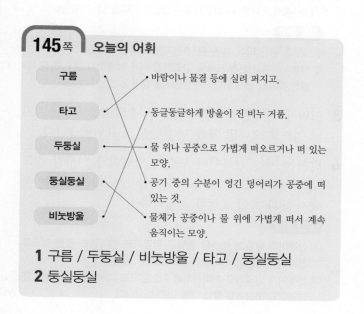

1 구름 / 두둥실 / 비눗방울 / 타고 / 둥실둥실
2 둥실둥실

• **글의 종류** 동시
• **글의 특징** 작가의 아들인 '산복이'가 마음껏 뛰어놀다 지저분해진 모습을 재미있게 표현한 시입니다. 산복이의 모습이 멍멍이와 까마귀도 반가워서 '형', '아저씨'라고 부를 정도라는 표현이 특히 재미있습니다.
• **글의 짜임** 2연 6행

147쪽 지문 독해

1 ① **2** ④ **3** (1) ㉮ (2) ㉯ **4** (3) ○

1 산복이의 지저분하고 까무잡잡한 모습을 재미있게 표현한 시입니다.

[오답 풀이]
② 신나게 놀고 있는 산복이의 모습을 재미있게 노래한 시로, 산복이의 친구들은 등장하지 않습니다.
③ 개구쟁이 산복이가 지저분한 모습으로 노는 모습을 노래하기는 했지만, 산복이가 좋아하는 놀이가 무엇인지는 이 시에 나타나 있지 않습니다.
④, ⑤ 산복이가 좋아하는 동물이나 과일은 이 시에 나타나 있지 않습니다.

2 '봄볕에 그을려 까무잡잡'에서 알 수 있듯이, 산복이가 까무잡잡한 까닭은 봄볕에 그을렸기 때문입니다. 피부가 새까맣게 탈 정도로 밖에서 뛰어놀았다는 것으로 생각할 수 있습니다.

[유형 공략 / 세부 내용]
시에 나타난 내용과 상황을 알아보기 위해서는 시에 나오는 말들을 꼼꼼히 확인하는 것이 필요합니다. '봄볕에 그을려 까무잡잡'이라는 구절을 통해, 산복이의 피부가 까무잡잡한 까닭을 알 수 있습니다.

[오답 풀이]
①, ②, ③ 땀은 이마, 때는 손, 흙먼지는 발에 묻어 있습니다.
⑤ 산복이의 지저분한 모습을 강조하기 위해 멍멍이가 친구 하겠다고 말한 것이지, 실제 산복이가 멍멍이와 같이 논 것은 아닙니다.

3 이마에 땀방울이 맺힌 모습을 '송알송알'로, 윤기가 날 정도로 오래된 때를 '반질반질'로 표현했습니다.

4 말하는 이는 산복이의 모습이 멍멍이가 인사할 정도로 지저분하고, 까마귀가 인사할 정도로 까맣다는 뜻에서 ㉢과 같이 표현한 것입니다.

[오답 풀이]
(1) 산복이의 모습과 비슷한 동물로 멍멍이와 까마귀를 말한 것으로, 산복이가 멍멍이, 까마귀와 놀고 있지는 않습니다.
(2) 산복이가 멍멍이와 까마귀처럼 지저분하고 까무잡잡한 모습일 뿐, 멍멍이와 까마귀를 흉내 내는 것은 아닙니다.

148쪽 지문 분석

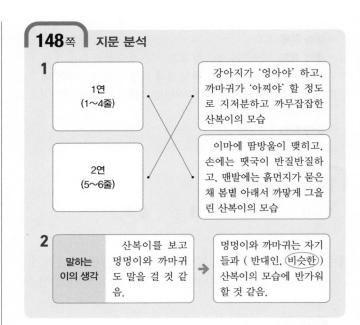

1 1연에서는 이마에 땀방울이 맺혀 있고, 손에는 땟국이 흐르고, 맨발에 흙먼지가 묻은 채 봄볕 아래에서 노는 산복이의 모습을 자세하게 그리고 있습니다. 2연에서는 그런 산복이의 모습을 보고 강아지와 까마귀가 '엉아야', '아찌야' 하고 말을 걸겠다고 표현하고 있습니다.

2 말하는 이는 땀과 땟국, 흙먼지로 지저분하고 봄볕에 새까맣게 탄 산복이의 모습을 보고, 멍멍이와 까마귀도 자기들과 비슷한 모습에 반가워서 말을 걸 것 같다고 했습니다.

149쪽 오늘의 어휘

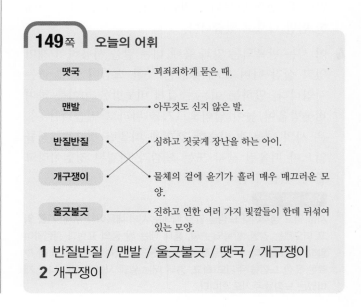

1 반질반질 / 맨발 / 울긋불긋 / 땟국 / 개구쟁이
2 개구쟁이

• **글의 종류** 동시
• **글의 특징** 동물 친구들이 대화를 나누는 것으로 설정되어 있는 재미있는 시입니다. 서로 자기가 잘할 수 있는 것을 자랑하고 싶은 동물들의 마음에 공감이 갑니다. 또 누구든지 자기만의 장기가 있다는 사실을 다시 한번 깨닫게 해 주는 작품입니다.
• **글의 짜임** 4연 9행

151쪽 **지문 독해**

1 ①, ③, ⑤   **2** ③   **3** (1) ㉮ (2) ㉯   **4** ③

1 기린은 키 재기를, 코끼리는 코 재기를, 하마는 입 재기를 하자고 했습니다. 기린이 목을 늘인 것은 키 재기를 할 때 더 커 보이게 하기 위해서 그런 것일 뿐, 목을 재기 위한 것은 아닙니다.

2 다른 친구들보다 코가 긴 코끼리는 자신의 긴 코를 자랑하고 싶어 합니다. 그래서 코로 바람을 불어 코를 길게 만들고 있는 것이고, 이때 '투우'라는 소리가 나게 된 것입니다.

3 기린이 목을 길게 하는 것을 '늘였어요'로, 코끼리가 코로 숨을 내보내서 코를 길어지게 하는 것을 '불었어요'로 표현했습니다.

유형 공략 / 표현
낱말의 뜻을 찾기 위해서는 낱말이 쓰인 문장의 앞뒤 내용을 잘 살펴보아야 합니다. 문장의 앞뒤 내용을 통해 낱말의 뜻을 짐작해 볼 수 있기 때문입니다. 또한 그 낱말과 바꾸어 쓸 수 있는, 뜻이 비슷한 낱말을 떠올려 보는 것도 좋습니다. 그래도 낱말의 뜻을 짐작하기 어렵다면 국어사전에서 낱말의 뜻을 직접 찾아봅니다.

4 ㉠은 키와 코 길이에서는 기린과 코끼리의 상대가 되지 않는 하마가, 자신이 자랑할 수 있는 것을 내세우기 위해 이야깃거리를 돌리려는 말입니다. 즉, 하마는 키가 큰 기린이나 코가 긴 코끼리와 달리 입이 크기 때문에 이를 자랑하려고 '그런 것 말고'라며 말한 것입니다.

오답 풀이
① 키는 기린이 하마보다 훨씬 크다는 것을 누구나 압니다.
② 키와 코 길이 자랑은 시시한 것이 아니라, 하마로서는 기린과 코끼리를 따라 잡을 수 없는 것입니다.
④ 코 길이에서 코끼리를 이길 수 있는 동물은 없습니다.
⑤ 머리가 작은 기린에 비해 입 크기는 하마가 엄청나게 큽니다. 그래서 하마가 입 재기를 하자고 한 것입니다.

152쪽 **지문 분석**

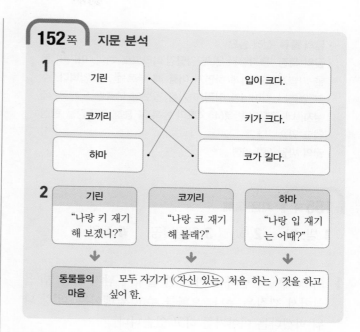

1 기린은 목이 길기 때문에 키 재기를 하고 싶어 하고, 코끼리는 코가 길기 때문에 코 재기를 하고 싶어 합니다. 또, 하마는 입이 크기 때문에 입 재기를 하자고 말한 것입니다.

2 기린은 다른 동물보다 키가 크기 때문에 키 재기를 하자고 합니다. 코끼리는 다른 동물보다 코가 길기 때문에 코 재기를 하자고 합니다. 그리고 하마는 다른 동물보다 입기 크기 때문에 입 재기를 하자고 합니다. 이처럼 기린, 코끼리, 하마는 모두 자기가 다른 동물보다 자신 있고 잘할 수 있는 것을 하자고 했습니다.

153쪽 **오늘의 어휘**

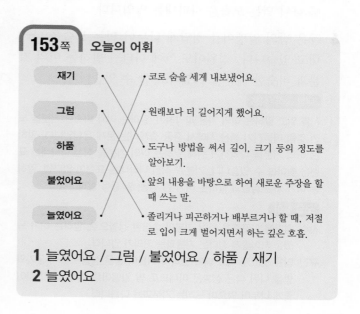

1 늘였어요 / 그럼 / 불었어요 / 하품 / 재기
2 늘였어요

- **글의 종류** 전래 동요
- **글의 특징** '들강달강'은 '달강달강'이라고도 하며, 아기의 몸을 가볍게 움직이게 하면서 어를 때 부르는 노래입니다. 주로 엄마나 할머니가 어린 아기를 돌보며 부르는 노래로, 네 글자, 네 글자의 반복(4·4조의 반복)을 통해 리듬감을 형성하고 있습니다.
- **글의 짜임** 2연 16행

155쪽 지문 독해

1 밤, 너   **2** ⑤   **3** 알공달공   **4** 정원

1 이 노래에서 말하는 이는 한 톨밖에 남지 않은 '밤'을 삶아서 껍질은 누나, 오빠를 주고 알맹이는 '너'랑 나눠 먹겠다는 이야기를 하고 있습니다.

2 서울에서 살 때는 '밤 한 되'였지만, 선반 밑에 둔 밤을 생쥐가 들락날락 다 까먹는 바람에 한 톨만 남은 것입니다.

  오답 풀이
  ①, ③ 서울에서 밤 한 되를 사 왔지만, 생쥐가 다 먹고 밤 한 톨만 남았습니다.
  ② 생쥐가 다 까먹고 남은 밤 한 톨만 가마솥에 삶았습니다.
  ④ 사람들이 아니라 생쥐가 들락날락하며 까먹은 것입니다.

3 이 시에서 말하는 이는 한 톨 남은 밤을 삶아서 그 알맹이를 너랑 '알공달공' 나눠 먹자고 했습니다. '알공달공'은 아기자기하고 사이좋게 사는 모양을 뜻하는 '알콩달콩'과 비슷한 느낌의 말로, 정답게 밤 알맹이를 나눠 먹는 모습을 나타내는 말입니다.

4 ㉠은 밤의 알맹이를 정답게 나누어 먹는 모습을 나타내고 있습니다. 정원이도 ㉠에 나타난 말하는 이의 기분과 비슷한 기분을 느꼈다고 할 수 있습니다.

  유형 공략 / 적용
  시를 읽고 말하는 이의 기분 파악하기, 말하는 이와 비슷한 기분을 느낀 경험 떠올리기 등은 시에서 종종 출제되는 문제 유형입니다. 말하는 이의 기분을 파악하기 위해 말하는 이의 기분을 직접 나타내는 표현을 찾아볼 수 있습니다. 기분을 직접 나타내는 표현이 없다면, 말하는 이가 처한 상황과 말하는 이가 한 행동, 말 등을 살펴봅니다.

  오답 풀이
  찬수: 엄마에게 꾸중을 들어 기분이 속상한 상황으로, 말하는 이가 느꼈을 사이좋게 정다운 기분과는 거리가 멉니다.
  규진: 밥을 맛있게 먹고 배가 불러서 기분이 좋은 상황으로, 누군가와 밥을 나눠 먹은 상황은 아니므로 밤 알맹이를 너와 '내'가 사이좋게 나눠 먹으며 느끼는 기분과는 다릅니다.

156쪽 지문 분석

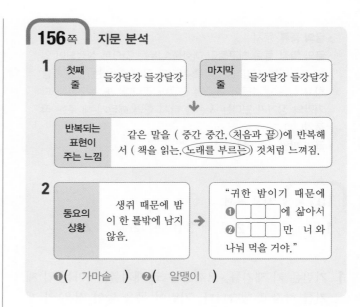

1 (가마솥)   ❷(알맹이)

1 '들강달강'은 '달강달강'이라고도 하는데, '들강', '달강'과 같이 비슷한 낱말을 반복함으로써 음악적인 느낌을 주고 있습니다. 그리고 '들강달강'을 첫째 줄에서 두 번 반복하고, 마지막 줄에서 첫째 줄과 같은 형태로 반복하고 있습니다. 시에서 같은 말을 반복하고, 특히 처음과 끝을 같은 말로 반복하면 노래의 후렴구를 부르는 듯한 음악적인 느낌을 더욱 크게 만들어 줍니다.

2 말하는 이는 한 톨밖에 남지 않은 밤을 가마솥에 삶아서, 겉껍질과 속껍질은 누나와 오빠에게 주고, 알맹이만 '너'하고 나눠 먹겠다고 이야기하고 있습니다.

157쪽 오늘의 어휘

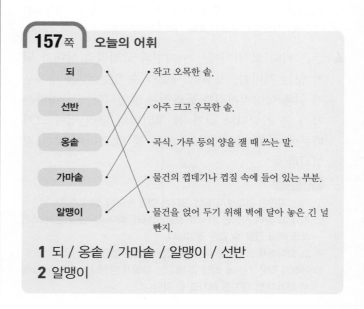

1 되 / 옹솥 / 가마솥 / 알맹이 / 선반
2 알맹이

- **글의 종류** 수필
- **글의 특징** 글쓴이가 사는 동네의 이웃들에 대한 느낌과 생각을 쓴 수필입니다. 이웃에 무관심한 우리들에게, 주변을 돌아보고 싶다는 생각을 갖게 만들어 주는 따뜻한 글입니다.
- **글의 주제** 우리 동네 이웃들에 대한 고마움과 따뜻한 정

161쪽 지문 독해

1 ㉮ **2** ② **3** ④ **4** ③

1 이 글은 우리 동네에 있는 우체국, 주민 센터, 구두점에서 일하는 이웃들에 대해 이야기하고 있습니다.

오답 풀이

㉯ 글쓴이가 수녀원에서 지낸다고 하였으나, 수녀원에 대한 자세한 설명은 나와 있지 않습니다.

㉰ 글쓴이가 좋아하는 장소가 아니라, 글쓴이가 사는 동네에 있는 주요 장소에서 일하는 사람들을 소개하고 있습니다.

2 '수녀원에는 식구가 워낙 많아서 주민 센터에 볼일 또한 많습니다.'에서 수녀원에 식구가 많다는 것을 알 수 있습니다.

오답 풀이

① 구두점 아저씨는 고급 양화점과 백화점 때문에 장사가 잘 안 되어 걱정을 하고 있습니다.

③ 우체국은 골목길에 있어서 얼른 눈에 띄지는 않는 곳이라고 했습니다.

④ 집배원 아저씨가 매일 같은 시간에 온다는 내용은 나타나 있지 않습니다.

⑤ 주민 센터에서 일하는 분들은 모든 일을 신속하게 처리해 준다고 했습니다.

3 ㉣ '이래저래'라는 말은 '이런저런 까닭으로.'라는 뜻을 지니고 있습니다.

유형 공략/표현

어떤 말과 뜻이 같은 말을 찾기 위해서는, 원래 말이 있던 자리에 바꿔 넣었을 때 매끄럽고 자연스러운 것을 찾으면 됩니다. '이래저래 자주 찾게 되는'을 '이런저런 까닭으로 자주 찾게 되는'으로 바꾸어 쓰면 문장이 자연스럽습니다.

4 글쓴이는 이웃들을 만나면 반갑다고 하였고, 이웃 사람들은 환한 미소를 짓고 상냥하고 친절합니다. 이 글에서는 이러한 이웃들에 대한 글쓴이의 감정이 잘 드러나 있습니다. 즉, 이 글은 글쓴이가 동네 이웃들에게 느끼는 고마움과 따뜻한 정에 대해 쓴 글로, 정답고 따뜻한 분위기가 느껴집니다.

162쪽 지문 분석

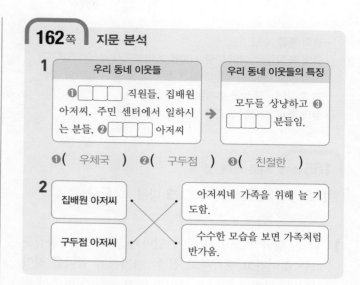

1 우리 동네 우체국에 종종 일을 보러 가면 직원 모두 친절하게 대해 준다고 하였습니다. 또 수녀원에 오는 집배원 아저씨는 수녀님들한테 빵과 차를 대접받기도 한다고 하였고, 우리 동네 주민 센터에서 일하는 분들은 모두 친절하다고 하였습니다. 또 우리 동네 구두점 아저씨는 수녀님들의 구두를 새것으로 바꾸어 주며 성당과 수녀원 행사에도 참석하는 상냥하고 친절한 이웃입니다. 이처럼 '나'의 동네 이웃들은 모두 상냥하고 친절한 분들입니다.

2 글쓴이인 '나'는 집배원 아저씨의 수수한 모습을 보면 가족처럼 반가운 마음을 느끼고, 장사가 잘 안 된다고 걱정하는 구두점 아저씨의 가족을 위해 기도하는 마음이 가득합니다.

163쪽 오늘의 어휘

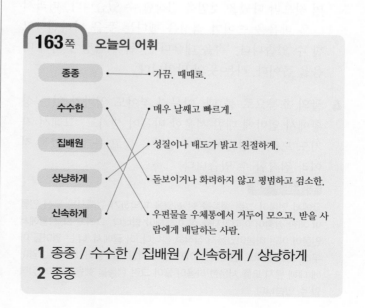

1 종종 / 수수한 / 집배원 / 신속하게 / 상냥하게

2 종종

- **글의 종류** 수필
- **글의 특징** 글쓴이의 어린 시절을 돌아보면서 쓴 수필입니다. 어린 시절, 엄마를 걱정하시게 했던 일을 통해 엄마의 사랑과 엄마의 소중함을 일깨워 주는 글입니다.
- **글의 주제** 엄마의 소중함, 엄마의 사랑

165쪽 │ 지문 독해

1 (3) ○   **2** ①, ②, ④   **3** 마음   **4** ④

1 '나'는 엄마가 보이지 않자 엄마가 '나'와 숨바꼭질을 하는 것이라고 생각하고 집 안 여기저기 엄마를 찾아봅니다. 하지만 엄마가 보이지 않자 울다가 벽장 속에 숨습니다. 엄마는 '내'가 벽장에 숨어 있는 것을 모르고 '나'를 찾으러 다닙니다. 이처럼 '나'와 엄마가 서로 숨바꼭질한 것처럼 되었으므로, 다른 제목을 붙인다면 '엄마와 나의 숨바꼭질'이라고 할 수 있습니다.

2 '나'는 아무리 엄마를 불러도 엄마가 보이지 않자 무서워져 주춧돌 위에 앉아 울었습니다. 그리고는 벽장에 들어가 깜빡 잠이 들었습니다.

오답 풀이
③ 턱을 괴고 주춧돌 위에 앉아 운 것은 엄마가 아니고 '나'입니다.
⑤ '내'가 엄마를 자꾸 부르는 모습만 나올 뿐, 엄마가 '나'를 부르는 모습은 나오지 않습니다.

3 "엄마가 너를 얼마나 찾으러 다녔는지 아니?"에서 알 수 있듯이, 엄마는 '내'가 없어진 줄 알고 매우 걱정하며 찾으러 다녔을 것임을 짐작할 수 있습니다. 따라서 ㉠은 마음을 졸이며 걱정을 했다는 뜻을 나타낸다고 할 수 있습니다. '속을 태우다'는 '몹시 걱정이 되어 마음을 졸이다.'라는 뜻의 말입니다.

4 글의 흐름으로 볼 때, 아무리 찾아도 엄마가 없는 상황에서 엄마에 대한 서운한 마음이 생기고, 그래서 자기도 모르게 심술이 나서 신발을 들고 몰래 숨었을 것이라 짐작할 수 있습니다.

유형 공략 / 추론
글에서 인물이 그런 행동을 한 까닭을 파악하기 위해서는 우선 인물이 처한 상황이 어떠한지를 잘 이해해야 합니다. 그리고 그 상황에서 인물이 어떤 마음이었을지 짐작해 봅니다. 이 글에서 '나'는 엄마를 아무리 찾고 불러도 엄마가 보이지 않자 벽장으로 들어갔으므로, 엄마에 대해 왠지 모를 서운한 마음이 들어 그런 행동을 했을 것이라 짐작할 수 있습니다.

166쪽 │ 지문 분석

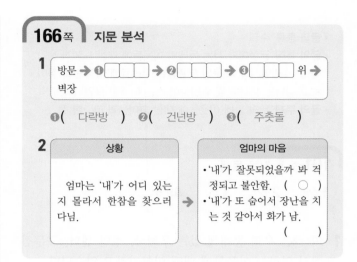

1 방문 → ❶□□□ → ❷□□□ → ❸□□□ 위 → 벽장

❶(다락방) ❷(건넌방) ❸(주춧돌)

2

상황	엄마의 마음
엄마는 '내'가 어디 있는지 몰라서 한참을 찾으러 다님.	• '내'가 잘못되었을까 봐 걱정되고 불안함. (○) • '내'가 또 숨어서 장난을 치는 것 같아서 화가 남. ( )

1 '나'는 혼자 거리를 구경하다가 집에 들어오면서 엄마를 부릅니다. 하지만 '방문'을 열어 보아도 엄마가 보이지 않자, '나'는 엄마가 어디 숨어 있나 싶어 발판을 가져다 놓고 '다락방'의 문을 열어 봅니다. 그러나 거기에도 엄마가 없자 '건넌방'에 가 봅니다. 하지만 그곳에도 엄마는 없고 '나'는 주춧돌 위에 앉아서 웁니다.

2 [앞부분 이야기]를 통해 '내'가 혼자 거리로 나가 구경을 하다가 집에 조금 늦게 왔다는 것을 알 수 있습니다. 이로 보아 엄마는 '내'가 늦게까지 들어오지 않자 걱정이 되어 밖으로 찾으러 나갔음을 짐작할 수 있습니다. 엄마가 집으로 돌아왔을 때에는 '내'가 신발을 들고 벽장에 들어가 있어서 엄마는 '내'가 없어진 줄 알고 크게 놀랐을 것입니다. 그리고 '내'가 잘못되었을까 봐 걱정이 되고 불안했을 것입니다.

167쪽 │ 오늘의 어휘

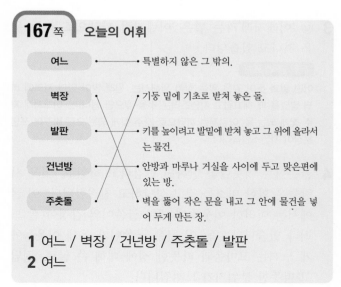

여느 ─── 특별하지 않은 그 밖의.

벽장 ── 기둥 밑에 기초로 받쳐 놓은 돌.

발판 ── 키를 높이려고 발밑에 받쳐 놓고 그 위에 올라서는 물건.

건넌방 ── 안방과 마루나 거실을 사이에 두고 맞은편에 있는 방.

주춧돌 ── 벽을 뚫어 작은 문을 내고 그 안에 물건을 넣어 두게 만든 장.

1 여느 / 벽장 / 건넌방 / 주춧돌 / 발판
2 여느

- **글의 종류** 희곡
- **글의 특징** 어머니를 잡아먹은 다음 아이들마저 잡아먹으려 했던 나쁜 호랑이를 피해, 지혜롭게 도망간 오누이의 이야기입니다. 결말에서는 죄 없는 어린 오누이를 살리려는 하늘의 뜻에 따라, 튼튼한 동아줄을 타고 하늘에 올라간 오누이는 해와 달이 됩니다. 호랑이는 썩은 동아줄을 타고 올라가다 줄이 끊어져 수수밭에 떨어져 죽게 됩니다.
- **글의 주제** 끝까지 정신을 차리고, 간절한 마음으로 노력하면 위험에서 벗어날 수 있다.

169쪽　지문 독해

1 오빠, 동생, 호랑이　　**2** ⑤　　**3** ①　　**4** (1) ○

1 이 글에는 오빠, 동생, 호랑이가 나옵니다. 이 글의 앞부분에 어머니의 목소리가 나오지만 이것은 어머니인 척하는 호랑이입니다.

2 호랑이는 마치 어머니가 온 것처럼 속이며, 다정한 말투로 문을 열라고 말하고 있습니다.

유형 공략 / 세부 내용

글에 나오는 장면을 물어볼 때에는, 글 속에서 직접 드러난 장면인지를 잘 살펴보아야 합니다. 앞뒤 상황을 통해 이런 일이 벌어졌을 거라고 우리가 짐작하는 장면은 답이 될 수 없습니다.

3 '가만가만'은 '살금살금'과 같이 움직임이 드러나지 않도록 조용조용 행동하는 모습을 흉내 낸 말입니다.

오답 풀이

② '두근두근'은 몹시 놀라거나 불안하여 자꾸 가슴이 뛰는 소리나 모양을 흉내 낸 말입니다.
③ '허둥지둥'은 정신을 차릴 수 없을 만큼 갈팡질팡하며 다급하게 서두르는 모양을 흉내 낸 말입니다.
④ '헐레벌떡'은 숨을 거칠게 몰아쉬는 모양을 흉내 낸 말입니다.
⑤ '어슬렁어슬렁'은 몸집이 큰 사람이나 짐승이 몸을 조금 흔들며 계속 천천히 걸어 다니는 모양을 흉내 낸 말입니다.

4 이 글에 나오는 호랑이는 오누이의 엄마를 잡아먹고 오누이까지 잡아먹으려고 했습니다. 「빨간 모자」에 나오는 늑대도 호랑이처럼 빨간 모자의 할머니를 잡아먹고 빨간 모자까지 잡아먹으려고 했으므로 가장 비슷한 인물이라고 할 수 있습니다.

유형 공략 / 추론

(2) 「양치기 소년」에 나오는 소년은 장난으로 늑대가 나타났다는 거짓말을 하다 진짜 늑대가 나타나 혼나게 되는 인물입니다.
(3) 「아기 돼지 삼 형제」에 나오는 막내 돼지는 늑대의 공격에도 무너지지 않는 튼튼한 집을 지은 지혜로운 인물입니다.

170쪽　지문 분석

1

> 호랑이는 어머니 목소리를 흉내 내며 (무섭게, ⟨다정하게⟩) 문을 열라고 말함.

↓

> 오빠와 동생은 호랑이가 (손톱과 수염, ⟨발톱과 털⟩)을 자르는 사이에 나무 위로 도망감.

↓

> 호랑이가 (⟨도끼⟩, 사다리)를 이용해서 나무 위로 올라옴.

2

뒷부분에 이어지는 내용	주제
하늘에서 튼튼한 동아줄을 내려 주어 오빠와 동생은 하늘로 올라가고, 호랑이에게는 썩은 동아줄을 내려 주어 하늘로 올라가다가 떨어져 죽게 됨.	• 무서운 동물을 만나면 나무 위로 숨어야 한다.　　　( ) • 오빠와 동생처럼 포기하지 않으면 어떤 위기도 헤쳐 나갈 수 있다. (○)

1 호랑이는 어머니인 척하며 다정하게 문을 열라고 하지만, 오빠와 동생은 호랑이라는 사실을 알고 호랑이가 발톱과 털을 자르는 사이에 나무 위로 도망갑니다. 그렇지만 동생의 실수로 호랑이가 도끼를 이용해서 나무 위로 올라옵니다.

2 오누이는 호랑이를 만난 상황에서도 침착하게 도망가고, 하늘에 소원을 빌었습니다. 오누이처럼 위기의 상황에서도 포기하지 않고 좌절하지 않으면 어떤 위기든지 헤쳐 나갈 수 있다는 교훈을 주는 글입니다.

171쪽　오늘의 어휘

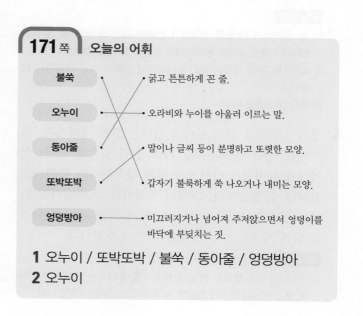

불쑥	굵고 튼튼하게 꼰 줄.
오누이	오라비와 누이를 아울러 이르는 말.
동아줄	말이나 글씨 등이 분명하고 또렷한 모양.
또박또박	갑자기 불룩하게 쑥 나오거나 내미는 모양.
엉덩방아	미끄러지거나 넘어져 주저앉으면서 엉덩이를 바닥에 부딪치는 짓.

1 오누이 / 또박또박 / 불쑥 / 동아줄 / 엉덩방아
2 오누이

- **글의 종류** 희곡
- **글의 특징** 은아네 가족의 모습을 통해서, 서로의 생각을 주고받으며 웃음꽃이 피어나는 즐거운 가정의 모습을 보여 주는 작품입니다. 이야기를 많이 나눌수록 서로 이해할 수 있고, 서로 사랑하는 마음도 더 커질 수 있다는 것을 보여 주는 재미있는 희곡입니다.
- **글의 주제** 대화를 많이 나누면 서로 이해할 수 있고, 사랑도 확인할 수 있다.

173쪽　지문 독해

1 (1) 저녁 식사　(2) 거실　　**2** ②, ③, ⑤　　**3** ⑤
4 (2) ○　(3) ○

1 은아네 가족은 저녁 식사 뒤, 거실에 모여 앉아 은아가 경식이에게 어떤 선물을 주면 좋을지에 대해 이야기하고 있습니다.

2 어머니가 한 말로 보아 토요일은 경식이의 생일임을 알 수 있습니다. 그리고 경식이가 은아에게 만화책을 갖고 싶다고 했습니다.

3 쉼표(,)가 사용되고 있으므로 또박또박 끊어서 읽어야 합니다.

　유형 공략 / 표현
희곡은 등장하는 사람들이 생생하게 말하고 행동하는 모습을 보여 줍니다. 따라서 모든 대사를 직접 말하듯이 읽으면서 그 말투까지도 생각해야 하지요. 그런데 쉼표는 말 그대로 쉬어 주라는 것이기 때문에 빠르게 읽어서는 안 되고, 또박또박 끊어서 읽어야 한답니다.

　오답 풀이
①, ④ 경식이가 한 말을 정확하게 전해야 하는 상황이므로, 말끝을 흐리거나 작은 소리로 웅얼거리는 것은 어울리지 않습니다.
② 또박또박 말할 상황이므로, 노래하듯이 말하는 것은 어울리지 않습니다.
③ 화가 날 상황은 아닙니다.

4 경식이가 책을 갖고 싶다고 했다는 말에 아버지가 "경식이가 아주 의젓하구나."라고 말한 것으로 보아, 어머니와 아버지가 만화책을 미처 생각하지는 못했음을 짐작할 수 있습니다. 그래서 경식이가 갖고 싶다고 한 책이 만화책이었다는 사실을 알게 되자 예상했던 것과 달라 가족들 모두 웃음을 터트린 것입니다.

　오답 풀이
(1) 경식이가 전화 통화로 한 말을 은아가 흉내 내기는 했지만, 경식이의 평소 행동을 은아가 똑같이 따라 했다고 보기는 어렵습니다.

174쪽　지문 분석

1

만화책 →

- 경식이가 정말 받고 싶어 하는 선물이다. 　(○)
- 은아가 경식이에게 주고 싶어 하는 선물이다. 　(×)
- 아버지가 경식이를 귀엽다고 말하게 하는 까닭이 된다. 　(○)

2

제목	즐거운 우리 집
등장인물	아버지, 어머니, 은아
중심 내용	은아가 경식이에게 생일 선물로 무엇을 주어야 할지 부모님과 함께 의논함.

슬프다.	조용하다.	화목하다.	긴장된다.

1 '만화책'은 경식이가 정말 받고 싶어 하는 선물이지만, 은아가 주고 싶어 하는 선물은 아닙니다. 그렇기 때문에 더 좋은 다른 선물이 없을까 하는 마음으로 아버지에게 남자 아이들이 좋아하는 선물이 무엇인지 여쭤 본 것입니다. 그리고 아버지는 경식이가 만화책을 갖고 싶다고 한 사실을 알고 경식이가 귀엽다고 했습니다.

2 은아는 친구인 경식이의 생일 선물을 정하기 위해 아버지, 어머니와 함께 의논합니다. 아버지, 어머니, 은아는 화목한 분위기에서 대화를 나누고 있습니다. 아버지, 어머니, 은아의 대화를 통해 가족의 따뜻하고 화목한 분위기를 느낄 수 있습니다.

175쪽　오늘의 어휘

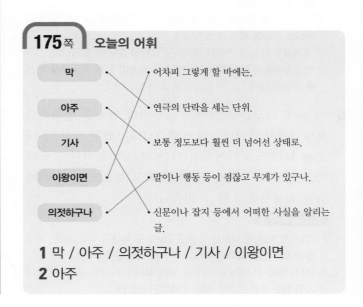

막	•	• 어차피 그렇게 할 바에는.
아주	•	• 연극의 단락을 세는 단위.
기사	•	• 보통 정도보다 훨씬 더 넘어선 상태로.
이왕이면	•	• 말이나 행동 등이 점잖고 무게가 있구나.
의젓하구나	•	• 신문이나 잡지 등에서 어떠한 사실을 알리는 글.

1 막 / 아주 / 의젓하구나 / 기사 / 이왕이면
2 아주

실수를 줄이는 한 끗 차이!

빈틈없는 연산서

·교과서 전단원 연산 구성   ·하루 4쪽, 4단계 학습   ·실수 방지 팁 제공

수학의 기본

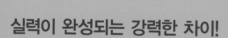

개념 이해가 실력의 차이!

대체불가 개념서

·교과서 개념 시각화 구성

·수학익힘 교과서 완벽 학습

·기본 강화책 제공

실력이 완성되는 강력한 차이!

새로워진 유형서

·기본부터 응용까지 모든 유형 구성

·대표 예제로 유형 해결 방법 학습

·서술형 강화책 제공

정답과 해설

빠작

초등 국어 **문학 독해**

믿고 보는 동아출판
초등 교재

기초학습서부터 교과서 개념 다지기, 과목별 전문서까지!
초등학교 입학 전부터, 예비 중등까지!
초등학생에게 꼭 필요한 영역을 빠짐없이! **동아출판 초등 교재 라인업**

초등 영역별 기초학습서
초능력 국어 / 수학 / 과학 / 한국사 / 한자

예비 중등
초고필 국어 / 수학 / 한국사
적중 반편성 배치고사 + 진단평가